슈가레인
케이크 클래스

슈가레인 케이크 클래스

펴낸날 초판 1쇄 2024년 1월 30일

지은이 조한빛

펴낸이 임호준
출판 팀장 정영주
책임 편집 김은정 | **편집** 조유진 김경애
디자인 김지혜 | **마케팅** 길보민 정서진
경영지원 박석호 유태호 신혜지 최단비 김현빈

인쇄 (주)상식문화

펴낸곳 비타북스 | **발행처** (주)헬스조선 | **출판등록** 제2-4324호 2006년 1월 12일
주소 서울특별시 중구 세종대로 21길 30 | **전화** (02) 724-7633 | **팩스** (02) 722-9339
인스타그램 @vitabooks_official | **포스트** post.naver.com/vita_books | **블로그** blog.naver.com/vita_books

ISBN 979-11-5846-409-7 13590

비타북스는 독자 여러분의 책에 대한 아이디어와 원고 투고를 기다리고 있습니다.
책 출간을 원하시는 분은 이메일 vbook@chosun.com으로 간단한 개요와 취지, 연락처 등을 보내주세요.

비타북스 는 건강한 몸과 아름다운 삶을 생각하는 (주)헬스조선의 출판 브랜드입니다.

SUGAR LANE

CAKE CLASS

슈가레인 케이크 클래스

조한빛 지음

두 번째 책을 출간하며…

『슈가레인 카페 디저트 클래스』를 집필한 지 2년이 되었습니다. 처음 출간한 책이었는데, 시장의 반응이 뜨거워 1년 만에 1만 부 이상 판매되며 베이킹 책으로서는 고무적인 결과를 얻었습니다. 출간 세미나를 통해 독자들과 소통할 수 있는 시간도 얻었고, 다양한 기회로 이어져 여러 기업과 협업도 하게 되었습니다. 이 기회를 통해 독자분들께 감사 인사를 전하고 싶습니다.

당시에는 처음 하는 작업이라, 레시피 개발부터 촬영까지 꽤 힘들었습니다. 특히 더운 여름날 에어컨을 강하게 틀어도 오븐 열기에 땀이 줄줄 흐르던 예전 스튜디오에서 작업했던 터라 매우 험난한 기억이 남아 있지요. 그래서 두 번째 책 출간은 생각하지도 않았습니다. 오로지 베이킹 온라인 강의 플랫폼인 '슈가레인 온라인'을 서비스하는 데 집중했습니다.

하지만 책을 읽고 홈베이킹에 도움이 되셨다는 분들과 매장을 운영하는 데 매출에 큰 도움을 받았다는 분들의 피드백을 받으면서, 또한 다음 책을 기대하는 수많은 독자분의 요청을 들으면서 1년의 고심 끝에 이렇게 책을 발간하기로 결정했습니다.

이번 책에서는 '케이크'라는 단어가 붙는 제과 품목들을 소개하고 있습니다. 우리에게 익숙한 생크림 케이크와 롤케이크뿐만 아니라 파운드 케이크, 크레이프 케이크, 브라우니 케이크까지 다양한 종류의 케이크를 담았습니다. 또한 홈베이커와 매장 운영자 모두에게 도움이 될 수 있도록 자세한 노하우와 친절한 설명을 담고자 노력했습니다. 첫 책과 마찬가지로 모든 레시피 개발과 촬영, 편집을 인하우스로 진행하면서 통일감 있는 공정과 사진으로 이해도를 높이고자 했습니다. 두 번째 책 역시 많은 분에게 유익한 내용을 전달하여, 큰 도움이 될 수 있길 기원해봅니다. 독자 여러분 모두 건강하시고, 번창하시길 바랍니다.

마지막으로 이 책을 집필하는 데 무한한 도움을 주신 유시현 셰프님께 감사드립니다.

2024년 1월 19일 조한빛

contents

INTRO

CAKE BASIC GUIDE
케이크 첫걸음

PART 1

VICTORIA CAKE
빅토리아 케이크

◆

케이크를 만들기 전에 알아두어야 할 기본적인 내용을 담았다. 정확한 공정과 팁을 익혀 완벽한 케이크를 완성해보자.

CAKE BASIC GUIDE

케 이 크 첫 걸 음

테프론시트

실리콘 주걱   스크레이퍼   거품기

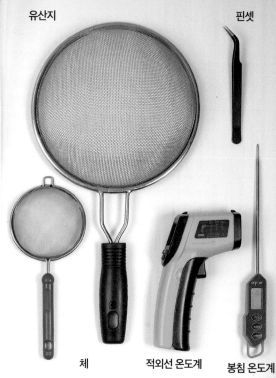

유산지   핀셋

체   적외선 온도계   봉침 온도계

타공매트

빵칼   스패출러   밀대

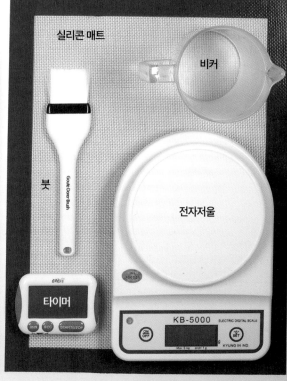

실리콘 매트

비커

붓

전자저울

타이머

KB-5000

케이크 기본 도구 일러두기

실리콘 주걱　저온과 고온에서 모두 사용할 수 있으며 나무 주걱보다 관리가 쉽다. 크기별로 구비해 재료의 양에 맞춰 적절히 사용한다.

스크레이퍼　반죽이나 가루 재료를 긁어모으거나 분할할 때 사용한다. 각진 모양과 둥근 모양이 있으며 디저트 공정이나 종류에 따라 구별해 사용한다.

거품기　반죽을 섞거나 거품을 올릴 때 사용한다. 크기별로 구비해 재료의 양에 맞춰 적절히 사용한다.

체　간격이 좁은 가는 체와 간격이 넓은 굵은 체가 있다. 액체 재료를 거를 때는 가는 체를, 가루 재료를 체 칠 때는 굵은 체를 사용한다. 데코레이션 용도로 쓰이는 크기가 아주 작고 촘촘한 분당체도 준비하자. 데코화이트 또는 가루 재료를 제품 위에 체 칠 때 유용하다.

온도계　레시피에서 제시한 온도를 정확히 지키는 것이 제품의 품질을 결정하는 기본적인 방법이다. 온도계 종류에는 적외선 온도계와 봉침 온도계가 있다. 일반적으로 사용이 편리한 적외선 온도계를 많이 쓰지만, 액체 재료의 온도를 정확하게 재기 위해서는 봉침 온도계도 필요하다.

핀셋　케이크 위에 스프링클, 금박 등의 정교하고 세밀한 데코레이션 작업을 할 때 유용하다.

빵칼　케이크 시트를 자를 때 주로 사용한다. 칼날이 물결 모양으로 되어 있다.

스패츌러　납작하게 생긴 칼 형태의 주걱으로 일자와 L자 두 종류가 있으며 크기도 다양하다. 아이싱하거나 반죽을 평평하게 펴는 데 주로 사용한다.

밀대　반죽을 원하는 두께로 밀어 펴는 데 사용한다. 재질은 나무와 플라스틱이 있으며 길이도 다양하다. 본인에게 편한 것을 골라서 사용하면 된다.

붓　제과용 붓은 틀에 버터를 바르거나 완성한 제품에 광택제를 바를 때 등 다양하게 사용된다. 붓을 고를 때는 가격이 비싸더라도 털이

스탠드 믹서

짤주머니

돌림판

식힘망

무스틀

믹싱 볼

원형팬

무스띠

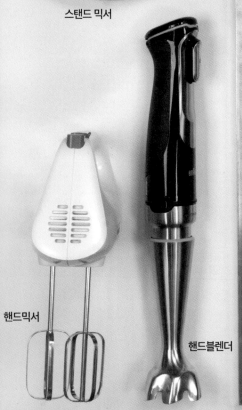

핸드믹서

핸드블렌더

각봉

잘 빠지지 않는 것을 선택해야 한다. 굵기와 재질이 다양하니 용도에 맞게 구비해 사용한다.

비커 액체나 묽은 반죽을 부을 때 사용하며 주둥이 부분이 뾰족한 것이 특징이다. 유리와 플라스틱 재질이 있으며 크기도 다양하다.

전자저울 · 미량저울 베이킹은 재료 분량이 약간만 달라져도 품질에 차이가 생기므로 되도록 전자저울을 구비하는 것이 좋다. 또한 베이킹파우더, 소금 등의 재료는 1g 이하 단위로 계량하는 경우가 많아 소수점까지 표시되는 미량저울도 꼭 필요하다.

유산지 · 테프론시트 · 실리콘매트 · 타공매트 반죽을 굽기 전 오븐 팬이나 틀에 깔아 반죽이 달라붙지 않도록 해주는 도구다. 일회용 유산지 대신 반영구적으로 사용할 수 있는 테프론시트와 실리콘매트를 사용해도 된다. 다만 테프론시트와 실리콘매트는 사용 후 세척해서 완전히 건조해야 하는 번거로움이 있다. 타르트나 쿠키를 구울 때는 타공매트를 사용하자.

다양한 팬과 틀 제품에 따라서 다양한 모양의 팬과 틀이 필요하다. 종류별로 구비해 제품에 맞춰 적절히 사용한다. 이 책에서는 우정 베이크웨어의 제품들을 사용하였다. 틀을 세척할 때는 미지근한 물에 부드러운 천으로 닦아

야 흠집이 생기지 않는다.

믹싱 볼 유리, 스테인리스, 플라스틱 등 다양한 재질이 있다. 유리 볼은 무겁고 깨질 위험이 있으며, 플라스틱 볼은 버터나 기름기 제거가 어렵기 때문에 되도록 스테인리스 볼을 추천한다. 크기별로 구비해 재료의 양에 맞춰 적절히 사용한다.

식힘망 오븐에서 꺼낸 갓 구운 케이크 시트를 올려 식힐 때 쓰는 망으로 원형 또는 사각형으로 되어 있다.

각봉 제품을 일정한 두께로 자를 때 사용한다. 두께별로 구비해 상황에 맞는 제품을 사용한다.

짤주머니 완성된 반죽을 팬에 짜 넣거나 파이핑할 때 사용한다. 반영구적으로 사용할 수 있는 천 재질의 짤주머니는 매번 세척한 뒤 완전히 건조하지 않으면 위생에 문제가 생길 수 있다. 조금 비싸더라도 일회용 비닐 짤주머니를 추천한다. 크기별로 구비해 반죽 양에 맞는 적절한 제품을 사용한다.

무스띠 얇은 투명 필름 형태의 제품으로 아이싱을 하지 않은 케이크의 옆면이나 무스케이크 옆면을 보호하는 용도로 사용한다.

오븐

핸드믹서　적은 용량으로 작업할 때는 핸드믹서를 사용하는 것이 가장 간편하다. 저렴한 중국산은 내구성이 떨어지기 때문에 추천하지 않는다. 이 책에서는 켄우드Kenwood의 HMP30 제품을 사용하였다.

스탠드 믹서　핸드믹서의 대용량 버전이라고 할 수 있다. 핸드믹서와 똑같이 반죽을 섞거나 거품을 올릴 때 사용하며, 소규모 디저트 매장에서는 5쿼터급과 7쿼터급을 가장 많이 사용한다. 이 책에서는 켄우드Kenwood의 KVL85.004 제품을 사용하였다.

핸드블렌더　재료를 곱게 갈거나 섞을 때 유용하다. 이 책에서는 청크잼을 곱게 갈거나, 초콜릿과 생크림을 섞어 유화시킬 때 주로 사용했다.

오븐　오븐의 종류는 컨벡션 오븐과 데크 오븐으로 나눌 수 있다. 컨벡션 오븐은 열풍으로, 데크 오븐은 복사열로 굽는 것이 특징이다. 컨벡션 오븐은 설치가 수월하며 공간 효율성이나 경제적인 면에서 데크 오븐에 비해 유리하다. 그래서 소규모 카페에서는 4단 컨벡션 오븐을 가장 많이 사용한다.
수입 오븐이 점점 다양해지고 있어서 어느 브랜드가 무조건 좋다고 할 수 없지만 소규모 디저트 매장에서는 보편적으로 우녹스Unox, 스메그Smeg, 지에라Gierre, 베닉스Benix 오븐을 많이 사용한다.

버터

설탕

밀가루

달걀

분당

베이킹파우더

베이킹소다

슈거파우더

바닐라 익스트랙

전분

생크림

우유

데코화이트

바닐라빈

녹차가루

흑임자가루

아몬드가루

딸기가루

코코아가루

케이크 기본 재료 일러두기

버터 제품의 맛과 풍미를 담당하는 중요한 역할의 재료다. 디저트를 만들 때는 소금이 첨가되지 않은 무염 버터를 쓴다. 무염 버터는 발효 과정을 거친 발효 버터와 그렇지 않은 비발효 버터로 나뉜다. 발효 버터는 향과 풍미가 더 강하며 가격이 비발효 버터보다 높기에 본인 상황에 맞게 선택하여 사용하면 된다. 이 책에서는 발효 버터는 이즈니Isigny 고메버터를, 비발효 버터는 앵커Anchor 제품을 사용했다.

달걀 제과에서 가장 많이 쓰이는 중요한 재료다. 요즘은 액체 형태로 우유팩에 담겨져 나오는 제품도 있어서 유용하다. 살균 처리되어 유통기한도 일반 달걀보다 길고, 알끈도 제거되어 있어 계량하기 편리하다. 이 책에서도 아이엠에그 액체 달걀을 사용하였다.

우유·생크림 우유는 제품의 영양가를 높이고 수분을 공급한다. 일반적으로 흰 우유를 사용한다. 생크림은 식물성과 동물성 생크림으로 나뉘며 제과에서는 대부분 유지방 함량 35% 이상인 동물성 생크림을 사용한다.

밀가루 케이크 시트를 만드는 기본 재료다. 단백질 함량에 따라 강력분(11~13%), 중력분(8~11.5%), 박력분(5~8%)으로 나뉜다. 박력분은 상대적으로 가벼운 식감을 주기 때문에 주로 제과에 사용하며 강력분은 제빵에 많이 사용한다.

설탕 설탕은 단맛을 낼 뿐만 아니라 디저트의 노화를 방지하고 구움색도 좋게 하는 등 여러 역할을 한다. 최근에는 제품의 당도를 낮추기 위해 가장 먼저 설탕을 줄이는 경향이 있는데, 이렇게 무조건 설탕을 줄이면 완성품에 안 좋은 영향을 줄 수 있기 때문에 되도록 레시피에 기재된 분량을 따르는 것이 좋다. 제품에 따라 백설탕, 황설탕, 흑설탕을 적절하게 사용한다.

전분 제과에서 사용하는 전분은 대부분 옥수수전분이다. 밀가루와 같이 넣어 식감을 가볍게 만들 때 사용하거나 파티시에 크림을 만들 때도 사용한다.

분당 설탕 100%를 곱게 간 분말이다. 설탕보다 입자가 고와 주로 가루가 부드럽게 잘 섞여야 하는 제품에 사용한다. 슈거파우더, 데코

크림치즈

마스카포네 치즈

식용색소

초콜릿

꿀

견과류

견과류 분태

말린 크렌베리

말린 무화과

잼

젤라틴

리큐어

화이트는 분당과 다른 것이다. 슈거파우더는 분당에 옥수수전분을 섞어 덩어리지는 단점을 보완한 것이며, 데코화이트는 분당에 전분과 식물성 유지를 더한 것으로 장식용으로만 사용한다.

말차가루 · 코코아가루 · 딸기가루　반죽에 넣어 맛과 색을 연출하는 가루 재료들이다. 덩어리지기 쉬워 밀폐 보관하고 반드시 체 쳐서 넣는다.

아몬드가루　아몬드를 곱게 갈아서 만든 가루다. 맛과 풍미를 살려주는 역할을 하며 저탄수화물 베이킹에도 자주 쓰인다.

베이킹파우더 · 베이킹소다　반죽에 넣는 팽창제다. 베이킹파우더는 베이킹소다 특유의 신맛과 향을 없애기 위해 중화제 역할을 하는 산성 가루와 전분을 섞은 것으로, 제과에서는 보통 베이킹파우더를 사용한다. 개봉한 지 오래되었거나, 보관을 잘못한 것은 팽창력이 저하되었을 수 있으니 주의하자. 베이킹소다는 너무 많은 양을 넣으면 떫은맛이 날 수 있다.

바닐라빈　크게 마다가스카르산과 타히티산으로 나뉘는데 일반적으로 마다가스카르산을 많이 사용한다. 보통 바닐라빈 안에 있는 씨를 긁어서 사용하며 남은 껍질은 말려서 바닐라

가루를 만들어 사용한다. 바닐라빈은 냉장 보관한다.

바닐라가루 만들기

씨를 긁어낸 바닐라빈 껍질을 건조한 곳에 두거나 50℃의 오븐에 넣어 1시간 이상 완전히 바삭하게 말린 후 분쇄기에 넣고 곱게 간다. 체에 친 후 밀폐 용기에 넣어 보관한다. 실온에서 6개월 이상 보관 가능하다.

바닐라 익스트랙　바닐라빈을 알코올에 숙성시켜 향을 추출한 제품으로 반죽의 비린내를

21

없애는 용도로 사용한다. 바닐라 맛을 내는 용도로는 바닐라빈을 사용하는 것이 효과적이다.

크림치즈　유지방 함량이 30% 이상이며, 발효 숙성을 거치기 이전 단계의 신선한 치즈다. 이 책에서는 르갈Le Gall 제품을 사용했다.

마스카포네 치즈　유지방 함량이 55~60%로 매우 높은 치즈이며 생크림 맛을 풍부하게 내고 싶을 때 사용하거나 티라미수를 만들 때 주로 사용된다. 이 책에서는 밀라Mila 제품을 사용했다.

초콜릿　커버춰 초콜릿과 코팅 초콜릿으로 나눌 수 있다. 커버춰 초콜릿은 반죽을 만들 때 사용하거나 템퍼링하여 데코레이션용으로 사용한다. 코팅 초콜릿은 템퍼링 작업 없이 바로 사용할 수 있는 편의성은 있으나 데코레이션용으로만 사용할 수 있다. 이 책에서는 칼리바우트Callebaut의 커버춰 초콜릿을 사용했다. 코팅 초콜릿은 카카오바리Cacao Barry 제품을 사용했다.

식용색소　시각적 효과를 위해 사용하는 재료다. 색소의 형태로는 가루, 액체, 젤이 있으며 색감도 여러 가지다. 이 책에서는 셰프마스터Chefmaster 색소를 사용했다.

견과류　제과에서는 다양한 견과류를 사용한다. 견과류를 홀, 분태, 파우더 형식으로 사용하기도 하고 더 곱게 갈아서 페이스트로 사용하거나 캐러멜이 첨가된 프랄린으로 사용하기도 한다. 모든 견과류는 전처리해서 사용하는 것이 일반적이다.

견과류 전처리하기

견과류를 전처리하면 안 좋은 냄새를 최대한 없애고 고소한 맛을 끌어올릴 수 있다. 오븐 팬에 유산지를 깔고 견과류를 올려 골고루 펼친 후 160℃로 예열한 오븐에 넣어 160℃에서 10~15분 정도 타지 않고 노릇할 때까지 굽는다. 견과류의 종류나 크기, 양에 따라 굽는 시간을 달리한다. 견과류 중에서 호두는 끓는 물에 1~2분간 데친 후 물기를 제거한 뒤 굽는다.

말린 과일　상큼하고 달콤한 맛을 주는 부재료다. 말린 과일을 사용할 때는 제품에 맞는 전처리를 해야 한다. 이 책에서는 오트리푸드 제품을 사용하였다.

말린 과일 전처리하기

말린 과일을 전처리하는 이유는 수분을 공급하고 알코올로 소독하기 위함이다.

말린 과일이 젖을 정도로 럼을 붓고 섞은 후 10~15분간 둔다. 체에 밭쳐 럼을 제거한 후 사용한다.

꿀 · 트리몰린　설탕과 같이 단맛을 내는 액상 재료로 제누아즈를 만들 때 쓰인다. 꿀 또는 트리몰린을 넣으면 제품에 촉촉함을 더할 수 있다.

잼　잼은 직접 만들어서 사용해도 되며 편의성을 위해 시판 제품을 써도 된다. 이 책에서는 오트리푸드의 청크잼을 사용하였다.

젤라틴 · 펙틴　응고제로 가장 많이 사용되는 재료로써 잼, 콩피, 무스에 주로 사용된다. 사용법을 잘 지켜야지만 좋은 제품을 만들 수 있다.

리큐어　증류주를 기초로 향미를 배합한 술이다. 디저트에 리큐어를 사용하는 이유는 잡내를 잡아주고 제품의 맛과 향을 살려주기 위해서다. 이 책에서는 네그리타 다크 럼, 쉐프 루이스 키르슈, 카자노브 트리플섹 등을 사용했다.

케이크 시트의 기본
제누아즈 만들기

제누아즈는 케이크의 가장 핵심적인 부분이다. 과정은 어렵지 않지만 생각보다 신경 쓸 부분이 많다. 제누아즈를 만들 때는 베이킹파우더 같은 화학적 팽창제를 사용하지 않고 오직 공기를 포집하여 팽창시키는데 이 과정이 매우 중요하다. 특히 가루 재료와 녹인 버터를 섞는 과정에서 너무 과하게 섞으면 오히려 반죽의 부피가 줄어들기 때문에 세심한 주의가 필요하다. 지금부터 실패 없이 제누아즈 만드는 방법을 알아보자.

◆ 클래식 제누아즈 ◆

준비

굽는 온도: 165℃ / 굽는 시간: 30~32분

- 버터는 50~60℃로 녹여서 준비한다.
- 박력분은 체 쳐서 준비한다.
- 오븐은 165℃로 예열한다.

재료

재료	
달걀	160g
바닐라 익스트랙	4방울
설탕	80g
꿀	10g
박력분	80g
버터	18g
우유	18g

01 1호 원형틀을 준비하고 옆면과 바닥에 맞춰 유산지 또는 테프론시트를 깔아둔다.

02 볼에 달걀을 담고 바닐라 익스트랙과 꿀, 설탕을 넣어 가볍게 섞는다.

03 ②의 볼을 따뜻한 물에 올려 중탕하면서 휘퍼로 섞어 설탕을 완전히 녹이고 온도를 40℃까지 올린다. 40℃ 정도가 공기 포집이 가장 잘된다.

04 40℃가 되면 중탕물에서 내리고 믹서를 중속으로 하여 1분간 휘핑한 다음 고속으로 높여 계속 휘핑한다.

05 반죽이 되직해지고 색이 연해지면 반죽을 떠서 별 모양을 만들어본다. 모양이 5초간 유지되면 '루반' 상태가 된 것이다. 루반 상태가 되어야 공기가 충분히 포집되었다는 뜻이다.

06 루반 상태를 확인한 후에 믹서를 중속으로 하여 1분간 휘핑하고 다시 저속으로 하여 2분간 휘핑하여 반죽을 안정화한다.

07 반죽에 체 친 박력분을 넣는다.

08 준비한 버터에 ⑦의 반죽을 한 주걱만 넣어 섞는다. 버터를 바로 반죽에 섞으면 버터가 반죽 밑으로 가라앉아 잘 섞이지 않는다.

09 ⑧을 ⑦의 반죽에 넣어 매끄럽게 섞는다.

10 ①의 팬에 반죽을 담고 가볍게 한 두 번 내리쳐 큰 기포를 뺀다. 예열한 오븐에 넣어 165℃로 30~32분간 굽는다. 꼬치로 찔러 반죽이 묻어나지 않으면 완성이다.

11 구운 제누아즈를 바닥에 떨어뜨려 수증기를 뺀다. 이렇게 하지 않으면 제누아즈가 식는 과정에서 수축할 수 있다.

12 틀에서 뺀 제누아즈는 식힘망에 거꾸로 뒤집어 10분 정도 식히고 다시 뒤집어 식힌다. 이런 방식으로 식혀야 내부 기공이 한쪽으로 쏠리지 않고 고르게 나온다.

반죽 비중 체크하기

제누아즈와 시폰 시트를 만들 때는 일정한 결과물을 얻기 위해서 반죽의 비중을 재는 것이 중요하다. 비중이란 반죽의 밀도를 뜻한다. 그릇에 물을 담아 무게를 잰 뒤 같은 그릇에 다시 반죽을 담아 무게를 재서 그 차이를 소수점으로 나타낸 값이다. 일정한 컵에 물을 채우고 다시 반죽을 채워 서로 무게만 비교하면 되는 것이다. 이때 컵 무게는 제외한다. 시폰 시트, 카스텔라, 롤케이크, 제누아즈 반죽 모두 0.45~0.55 사이의 비중 값이 나오면 알맞다.

01
작은 볼에 물을 가득 채운 다음 무게를 기록한다. 이 책에서 체크한 물의 무게는 46g이다.

02
물을 비운 후, 완성된 반죽을 담아 무게를 잰다. 이 책에 체크한 제누아즈의 무게는 23g이다. 《반죽 무게 ÷ 물의 무게 = 비중》에 따라서 이 반죽의 비중은 23÷46=0.5 이다.

◆ 초콜릿 제누아즈 ◆

준비

굽는 온도: 165℃ / 굽는 시간: 30~32분

- 1호 원형틀을 준비하고 옆면과 바닥에 맞춰 유산지 또는 테프론시트를 깔아둔다.
- 버터는 50~60℃로 녹여서 준비한다.
- 박력분과 코코아가루는 체 쳐서 섞어둔다.
- 오븐은 165℃로 예열한다.

재료

달걀	165g
바닐라 익스트랙	4방울
설탕	83g
꿀	10g
박력분	71g
코코아가루	12g
버터	18g
우유	18g

01 볼에 달걀을 담고 바닐라 익스트랙과 꿀, 설탕을 넣어 가볍게 섞는다.

02 볼을 따뜻한 물에 올려 중탕하면서 휘퍼로 가볍게 섞어 온도를 40℃까지 올린다.

03 40℃가 되면 중탕물에서 내리고 믹서를 중속으로하여 1분간 휘핑한 다음 고속으로 높여 계속 휘핑한다.

04 반죽이 되직해지고 색이 연해지면 반죽을 떠서 별 모양을 만들어본다. 모양이 5초간 유지되면 '루반' 상태가 된 것이다. 루반 상태가 되어야 공기가 충분히 포집되었다는 뜻이다.

05 루반 상태를 확인한 후에 믹서를 중속으로 하여 1분간 휘핑하고 다시 저속으로 하여 2분간 휘핑하여 반죽을 안정화한다.

06 반죽에 체 친 박력분과 코코아가루를 반만 넣어 섞는다.

07 남은 박력분과 코코아가루를 모두 넣고 섞는다.

08 준비한 버터에 ⑦의 반죽을 한 주걱만 섞는다. 버터를 바로 반죽에 섞으면 버터가 반죽 밑으로 가라앉아 잘 섞이지 않기 때문이다.

09 ⑧을 ⑦의 반죽에 넣어 매끄럽게 섞는다.

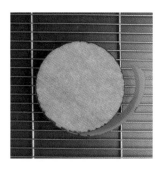

10 준비한 팬에 반죽을 담고 가볍게 한두 번 떨어뜨려 큰 기포를 뺀다. 예열한 오븐에 넣어 165℃로 30~32분간 굽는다. 꼬치로 찔러 반죽이 묻어나지 않으면 완성이다.

11 구운 제누아즈를 바닥에 떨어뜨려 수증기를 뺀다. 이렇게 하지 않으면 제누아즈가 식는 과정에서 수축할 수 있다.

12 틀에서 뺀 제누아즈는 식힘망에 거꾸로 뒤집어 10분 정도 식히고 다시 뒤집어 식힌다. 이런 방식으로 식혀야 내부 기공이 한쪽으로 쏠리지 않고 고르게 나온다.

제누아즈 자르기

01 0.5cm 두께의 각봉 사이에 식힌 제누아즈를 놓고 바닥을 제거한다.

02 각봉을 1~1.5cm 두께로 교체한 뒤 제누아즈를 3~4장으로 슬라이스한다.

03 바로 사용하지 않는 경우에 시트가 마르지 않도록 유산지를 덮어둔다. 장기 보관이 필요할 때는 밀폐 후 냉동시켜 4주 보관 가능하다.

◆ 말차 제누아즈 ◆

준비	재료	

굽는 온도: 165℃ / 굽는 시간: 30~32분

- 1호 원형틀을 준비하고 옆면과 바닥에 맞춰 유산지 또는 테프론시트를 깔아둔다.
- 버터는 50~60℃로 녹여서 준비한다.
- 박력분은 체 쳐서 준비한다.
- 말차가루와 슈거파우더는 체 쳐서 섞어둔다.
- 오븐은 165℃로 예열한다.

재료	
달걀	155g
바닐라 익스트랙	4방울
설탕	83g
말차가루	5.5g
슈거파우더	5.5g
물	14g
박력분	76g
버터	18g
우유	18g

01 볼에 달걀을 풀고 바닐라 익스트랙과 설탕을 넣어 가볍게 섞는다.

02 볼을 따뜻한 물에 올려 중탕하면서 휘퍼로 가볍게 섞어 온도를 40℃까지 올린다. 40℃ 정도가 공기포집이 가장 잘된다.

03 40℃가 되면 중탕물에서 내리고 믹서를 중속으로 하여 1분간 휘핑한 다음 고속으로 높여 계속 휘핑한다.

04 반죽이 되직해지고 색이 연해지면
반죽을 떠서 별 모양을 만들어본
다. 모양이 5초간 유지되면 '루반'
상태가 된 것이다. 루반 상태가 되
어야 공기가 충분히 포집되었다는
뜻이다.

05 루반 상태를 확인한 후에 믹서를
중속으로 하여 1분간 휘핑하고 다
시 저속으로 하여 2분간 휘핑하여
반죽을 안정화한다.

06 새로운 볼에 말차가루, 슈거파우
더, 물을 넣고 골고루 섞어 말차페
이스트를 만든다.

07 ⑤의 반죽에 말차페이스트를 네
번 나누어 넣어가며 믹서를 저속
으로 하여 섞는다.

08 체 친 박력분을 넣어 섞는다.

09 준비한 버터에 ⑧의 반죽을 한 주
걱만 넣어 섞는다. 버터를 바로 반
죽에 섞으면 버터가 반죽 밑으로
가라앉아 잘 섞이지 않는다.

10 ⑨를 ⑧의 반죽에 넣어 매끄럽게 섞는다.

11 준비한 팬에 반죽을 담고 가볍게 한두 번 내리쳐 큰 기포를 뺀다. 예열한 오븐에 넣어 165℃로 30~32분간 굽는다. 꼬치로 찔러 반죽이 묻어나지 않으면 완성이다.

12 구운 제누아즈를 바닥에 떨어뜨려 수증기를 뺀다. 이렇게 하지 않으면 제누아즈가 식는 과정에서 수축할 수 있다.

13 틀에서 뺀 제누아즈는 식힘망에 거꾸로 뒤집어 10분 정도 식히고 다시 뒤집어 식힌다. 이런 방식으로 식혀야 내부 기공이 한쪽으로 쏠리지 않고 고르게 나온다.

케이크의 맛을 끌어올리는
특별 재료 만들기

케이크를 만들 때 사용되는 다양한 재료를 직접 만들어보자. 사소하지만 작은 정성 하나로
맛과 비주얼을 한껏 끌어올릴 수 있을 것이다.

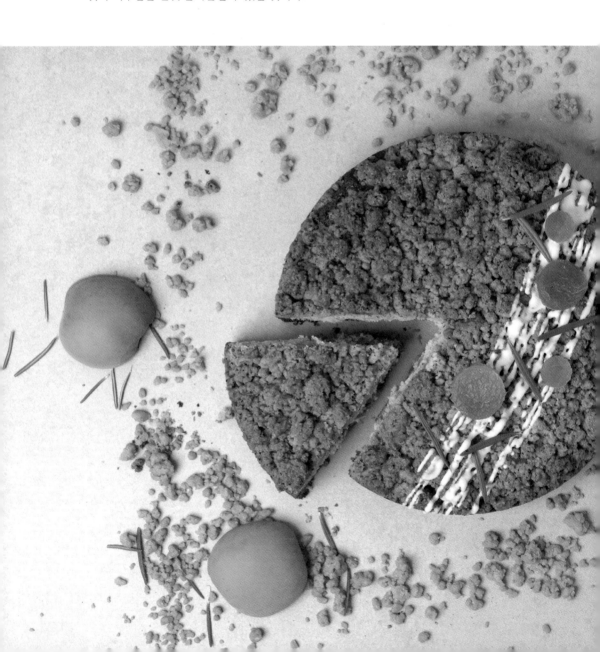

크럼블

바삭한 식감을 연출할 때 유용한 크럼블은 버터와 설탕, 박력분, 아몬드가루를 섞어서 원하는 크기로 만든다. 시트 반죽에 넣어 함께 굽거나 미리 구워 토핑용으로 주로 사용한다.

재료	
버터	50g
황설탕	50g
박력분	50g
아몬드가루	50g

보관 기간
냉동 4주

01 실온에 꺼내둔 버터를 곱게 풀어 준 다음 황설탕을 넣고 가볍게 섞는다.

02 체 친 박력분과 아몬드가루를 넣어 섞는다. 이때 아몬드가루 대신 말차가루, 코코아가루, 얼그레이가루 등을 사용하면 다른 맛의 크럼블을 만들 수 있다.

03 크럼블이 원하는 크기가 되었을 때 섞는 것을 멈추고 밀폐 용기에 담아 냉동시킨다.

보관 기간
냉동 4주

04 반죽 위에 올려 사용할 때는 냉동 상태로 올려 바로 굽는다.

05 토핑용으로 사용할 때는 냉동 상태의 크럼블을 165℃로 예열한 오븐에 넣어 165℃로 10~15분 정도 굽는다. 이때 구움색을 확인하면서 굽는 시간을 조절한다.

◆ 파티시에 크림 ◆

커스터드 크림이라고도 부르는 파티시에 크림은 베이킹 전반에
많이 사용되는 기본적인 크림이다.

재료	
우유	150g
바닐라 익스트랙	3g
달걀노른자	37.5g
설탕	37.5g
옥수수전분	11g
버터	9g

  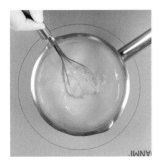

01 냄비에 우유와 바닐라 익스트랙,
　　달걀노른자를 넣고 저어준 다음
　　미리 섞어둔 설탕과 옥수수전분
　　을 넣는다.

02 중불로 가열하면서 계속 저어가
　　며 섞는다.

03 묽었던 크림이 점점 되직해지면
　　서 부드럽고 윤기가 날 때까지 끓
　　인다.

보관 기간
냉장 2일

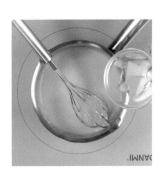  

04 불을 끄고 잠시 식힌 다음 버터를
　　넣어 골고루 섞는다.

05 스테인리스 트레이에 랩을 깔고
　　그 위에 크림을 붓는다.

06 밀착 래핑해 그대로 냉장고에 넣
　　는다. 크림을 밀착 래핑하여 수증
　　기가 생기는 것을 방지하고 바로
　　냉장시켜 온도를 빠르게 낮추면
　　세균의 번식을 최소화할 수 있다.

07 사용하기 직전 차갑게 굳은 크림
    을 꺼내서 볼에 담는다.

08 크림을 믹서로 부드럽게 풀어서
    사용하면 된다.

◆ 시럽 ◆

시럽의 용도는 케이크에 촉촉함을 추가하는 것이다. 촉촉하게 만
들고 싶은 모든 곳에 사용해도 되며 이 책에서는 파운드 케이크
와 제누아즈 시트에 사용했다. 기호에 따라 설탕의 양을 바꿔 단
맛을 조절할 수 있다. 리큐어도 쿠앵트로, 키르슈 등 필요에 따라
맞는 제품을 사용하면 된다.

재료	
설탕	50g
물	100g
리큐어(생략 가능)	5g

보관 기간
냉장 2주

01 설탕에 뜨거운 물을 붓는다. 재료
    의 양이 많을 때는 냄비에 넣고
    한소끔 끓인다.

02 설탕이 모두 녹으면 리큐어를 넣
    어 섞은 후 냉장 보관한다.

캐러멜

캐러멜은 케이크뿐만 아니라 다양한 제과 품목에 많이 사용된다.
기본적이면서도 중요한 재료이니 잘 익혀두자.

재료	
설탕	100g
생크림	100g
소금(생략 가능)	1g

01 냄비를 불 위에 올리고 설탕을 조
   금씩 넣어가며 녹인다. 설탕을 한
   번에 다 넣으면 잘 녹지 않고 탈
   수 있으니 주의하자.

02 설탕이 진한 갈색이 될 때까지 저
   어가며 녹인다.

03 전체적으로 잔거품이 올라오면
   80℃ 이상으로 데운 뜨거운 생크
   림을 3~4회 나눠 넣어가며 섞는
   다. 한 번에 다 넣으면 확 끓어올
   라 넘칠 수 있으므로 주의하자.

보관 기간
냉장 4주

04 생크림을 다 넣으면 불을 끄고 골
   고루 섞어 완성한다.

와인 무화과잼

과일과 설탕을 졸여 만든 잼은 쓸모가 정말 많다. 말린 무화과에
레드와인을 섞어 만든 와인 무화과잼은 향도 좋고 색감도 먹음직
스러워 좋다.

재료	
말린 무화과 다이스	100g
레드와인+물	50g+25g
설탕	25g

01 말린 무화과 다이스를 뜨거운 물
에 3~5분간 불린 후 이물질을 제
거한다.

02 불린 무화과를 체에 밭쳐 물기를
뺀 뒤 레드와인+물과 섞는다.

03 핸드블렌더로 갈아준다.

04 갈아준 무화과를 냄비에 담고 설
탕을 넣어 중불에서 저어가며 볶
는다.

보관 기간
냉장 4주

05 재료가 졸여지면서 냄비 바닥에
눌어붙으면 완성이다.

◆ 딸기잼 ◆

남녀노소 호불호 없이 가장 보편적으로 많이 사용되는 잼이다.
시판 제품의 가벼운 맛을 뛰어넘는 진한 향과 식감을 연출해보자.

재료	
냉동 딸기	100g
설탕	40g
레몬즙	3g

보관 기간
냉장 2주

01 냉동 딸기를 체에 받쳐 찬물에 헹군 다음 잘게 썰어 냄비에 담고 설탕을 넣어 중불에서 저어가며 끓인다. 매끄러운 질감을 원하면 딸기를 갈아서 사용한다.

02 수분이 충분히 날아가 주걱으로 가운데를 긁었을 때 양쪽에 있는 잼이 합쳐지지 않으면 약불로 줄인다.

03 레몬즙을 넣고 한 번 섞어준 후 불에서 내린다. 스프레드용으로 사용할 때는 전체 중량의 30~35%를 졸이고, 인서트용으로 사용할 때는 35~40% 정도로 졸인다.

◆ 라즈베리잼 ◆

진한 라즈베리의 향을 극대화한 새콤달콤한 잼이다.

재료	
냉동 라즈베리	50g
라즈베리 퓌레	50g
설탕	40g
레몬즙	3g

01 냉동 라즈베리를 체에 받쳐 찬물에 헹군 다음 냄비에 담고 라즈베리 퓌레와 설탕을 넣어 중불에서 저어가며 끓인다. 라즈베리 퓌레를 함께 넣는 이유는 냉동 라즈베리만 넣으면 씨가 많게 느껴질 수 있기 때문이다.

02 수분이 충분히 날아가 주걱으로 가운데를 긁었을 때 양쪽에 있는 잼이 합쳐지지 않으면 약불로 줄인다.

03 레몬즙을 넣고 한 번 섞어준 후 불에서 내린다. 스프레드용으로 사용할 때는 전체 중량의 25~30% 졸이고, 인서트용으로 사용할 때는 30~35% 정도로 졸인다.

◆ 무화과 조림 ◆

케이크 데코레이션 또는 인서트용으로 사용하기 좋은 무화과 조림을 만들어보자.

재료	
말린 무화과	100g
물	55g
황설탕	55g
다크 럼	8g
시나몬가루(생략 가능)	소량

01 끓는 물에 말린 무화과를 2~3분간 데친 후 찬물로 헹구고 꼭지를 제거한다. 데친 무화과를 냄비에 담고 물, 황설탕, 다크 럼, 시나몬가루를 넣어 저어가며 끓인다.

02 수분이 1/4 정도 남을 때까지 졸인다.

케이크를 완성하는
기본 테크닉

케이크를 만들기 전, 꼭 알아두어야 할 테크닉을 소개한다. 케이크를 만드는 공정에서 빼놓을 수 없는 생크림 휘핑하기, 머랭 휘핑하기, 아이싱하기 방법이다.

◆ 생크림 휘핑하기 ◆

생크림은 사용하는 용도에 맞게 농도를 맞춰서 휘핑해야 한다. 생크림은 휘핑할수록 되직해지며 윤기가 사라지는데 이 정도를 조절하는 것이 포인트다. 되직함의 정도를 확인할 때는 휘퍼로 생크림 전체를 섞어준 후 체크해야 한다. 보통 레시피에서 휘핑 정도를 %로 나타내는 경우가 많은데 책마다 정도의 차이가 있으니 이 책에서 표현한 % 정도를 잘 확인하자. 생크림을 휘핑할 때는 온도가 중요하다. 생크림 온도가 차갑게 유지되어야 휘핑 상태도 잘 유지된다. 생크림 볼 아래에 얼음 볼을 받쳐 휘핑하는 것을 추천한다. 또한 생크림 브랜드마다 휘핑 시간이 달라지기 때문에 세심한 주의가 필요하다.

70% 휘핑 상태
거품기로 크림을 떴을 때 크림이 떨어지지 않으며 끝에 뿔이 생긴다. 윤기가 여전히 남아 있는 상태며 케이크를 아이싱하거나 데코레이션할 때 사용하면 좋다.

80% 휘핑 상태
70%보다 좀 더 되직하며 거품기 끝에 뿔이 더 짧게 잡힌다. 케이크 인서트용으로 사용하면 좋다.

90% 휘핑 상태
80%보다 좀 더 되직하며 윤기가 사라지고 질감이 살짝 거칠어진다. 파티시에 크림과 섞어 사용하면 좋다.

◆ 머랭 휘핑하기 ◆

머랭은 달걀흰자와 설탕을 휘핑해서 만든다. 만드는 디저트 제품에 따라 머랭의 휘핑 정도가 달라지며, 달걀흰자의 온도도 달라지므로 레시피를 참고한다. 설탕을 나누어 넣는 횟수는 자유롭게 정할 수 있고 다만 마지막 넣는 설탕이 너무 늦게 들어가지만 않으면 된다. 달걀 대비 설탕이 많을수록 머랭이 단단해진다. 설탕의 양이 달걀흰자보다 적을 때는 휘핑을 마친 후 저속으로 1분 정도 기포 정리를 해줘야 한다. 머랭을 칠 때는 물이나 기름이 들어가지 않아야 하고 설탕은 반드시 다 녹인다. 완성된 머랭은 광택이 나야 한다.

01 달걀흰자를 고운 거품이 나도록 풀어준 다음 첫 번째 설탕을 넣고 중고속으로 휘핑한다.

02 머랭 표면에 결이 생기면 두 번째 설탕을 넣고 중고속으로 휘핑한다.

03 머랭 표면에 생긴 결이 매우 선명해지고 결과 결 사이가 볼록 올라오면 마지막 설탕을 넣고 중고속으로 휘핑한다.

04 부드러운 머랭 머랭이 되직해지면 휘핑을 멈추고 휘퍼로 머랭 전체를 섞은 후 들어올린다. 휘퍼 날 끝에 묻은 머랭이 부드럽게 휘어진다. 다른 반죽과 섞어서 쓸 때 사용한다.

05 단단한 머랭 부드러운 머랭 상태에서 조금 더 휘핑하면 머랭이 단단해진다. 휘퍼 날 끝에 머랭이 짧게 묻는다. 다쿠아즈나 레제르 크림을 만들 때 사용한다.

◆ 케이크 아이싱하기 ◆

케이크를 만들 때 겉면을 크림으로 바르고 꾸미는 것을 아이싱이라고 한다. 생크림 케이크를 아이싱할 때는 아이싱 크림의 농도가 중요하다. 또한 아이싱 크림을 만드는 과정에서 얼음 볼 위에 올려 차가운 온도를 유지하면서 휘핑하는 것이 좋다. 아이싱 크림이 완성되면 케이크 시트를 돌림판 중앙에 올려놓고 아이싱한다. 초보자는 미리 전체에 대충 아이싱 크림을 발라주는 애벌 아이싱을 먼저 하는 것이 수월하다. 아이싱 순서는 윗면 다음에 옆면을 하고 마지막에 윗면에 올라온 크림산을 정리하면서 마무리한다.

01 준비한 아이싱 크림의 절반 정도를 윗면에 올린다.

02 돌림판을 돌려가며 크림을 납작하게 펼친다. 시트보다 넓게 편다.

03 스패출러로 크림을 떠서 옆면에 일정 간격으로 붙인다.

04 케이크 옆면에 스패출러를 수직으로 대고 회전판을 돌리며 매끈하게 만든다.

05 스패출러를 바닥에 수평하게 놓고 회전판을 돌리며 아랫면을 정리한다.

06 스패출러를 깨끗하게 닦은 후 케이크의 윗면에 대고 바깥에서 안쪽으로 크림을 정리한다.

◆ 반죽 섞기 ◆

케이크의 생명과도 같은 반죽을 만들 때는 제대로 섞는 것이 가장 중요하다. 이때 반죽은 덜 섞어도, 과하게 섞어도 안 된다. 반죽을 충분히 섞지 않아 가루 재료가 남으면 시트가 실패하게 되고 반대로 과하게 섞으면 볼륨이 줄거나 글루텐이 과하게 형성되어 식감이 나빠진다. 적당하게 섞는 것이 중요하지만 처음에는 '적당하게'라는 것이 어렵게 느껴질 수 있다. 그래서 추천하는 방법은 주걱으로 반죽을 가르고 알파벳 J 모양을 그리면서 빠르게 섞는 것이다. 아래 사진을 보며 익혀보자.

가루가 반죽 안으로 들어가면서   알파벳 J를 그리면서 가루 섞기
섞일 수 있도록 가르기

◆ 레시피 분량 늘리고 줄이기 ◆

케이크의 크기는 같고, 개수만 늘어날 때는 단순히 재료 분량에 배수를 곱하면 된다. 예를 들어 당근 케이크 1호 사이즈를 1개 대신 2개를 만들 때는 기재된 레시피 양을 2배로 늘려서 계산한다. 그러나 크기를 변경하는 경우 계산법이 조금 복잡해진다. 가장 흔한 경우는 원형팬의 크기를 바꾸는 경우인데, 이때는 지름의 배수가 아니라 부피의 배수로 계산한다. 일반적으로 쓰이는 원형팬을 기준으로 아래 배합을 제시하였으니 참고하여 계량하기 바란다.

> **지름 15cm, 1호팬:** 1배
> **지름 18cm, 2호팬:** 1호 레시피 재료 분량의 1.5배
> **지름 21cm, 3호팬:** 1호 레시피 재료 분량의 2배

◆ 짤주머니 다루기 ◆

케이크를 만들 때 자주 사용하게 되는 도구 중에 짤주머니가 있다. 아이싱이 끝난 케이크에 파이핑하여 모양내거나 반죽을 팬에 담을 때 주로 사용한다. 하지만 짤주머니는 초보자가 다루기 어려운 도구이다. 반죽을 틀에 담을 때 항상 짤주머니를 사용해야 하는 것은 아니지만 반죽 양을 조절해야 할 때는 짤주머니가 유용하다. 짤주머니를 잡을 때 가장 흔하게 하는 실수는 엄지와 검지로 팽팽하게 잡지 않고 주먹 쥐는 형태로 잡는 것이다. 반죽을 감싸듯 가볍게 잡아야 한다.

잘못된 그립(X)

올바른 그립(O)

◆

영국 빅토리아 여왕의 이름을 따 명명된 케이크로
영국인들이 티타임에 즐겨 먹던 전통적이면서 일상
적인 디저트다. 주로 딸기잼이나 라즈베리잼, 생크
림을 사용하는데, 오늘날에는 다양한 잼과 크림으
로 재해석되고 있는 제품이다.

PART
1

VICTORIA CAKE

빅 토 리 아   케 이 크

ORANGE APRICOT VICTORIA

오렌지 살구 빅토리아

오렌지와 살구로 만들어 상큼한 맛과 향이 돋보이는 케이크다. 샹티 크림을 넣어 부드러움
을 더했다.

준비

- 15cm, 1호 낮은 원형팬 2개를 준비하여 옆면에 버터를 바르고, 바닥에는 테프론시트 또는 유산지를 맞춰 깐다.
- 버터는 실온에 미리 꺼내둔다. • 달걀과 달걀노른자는 미리 섞어서 실온에 꺼내둔다.
- 박력분과 베이킹파우더는 체 쳐서 섞어둔다. • 살구잼용 살구는 잘게 썰어둔다.
- 37쪽을 참고해 시럽을 준비한다. • 806번 깍지를 준비한다. • 오븐은 160℃로 예열한다.

재료

1호 사이즈, 1개 분량

오렌지 빅토리아 시트	
굽는 온도: 160℃ / 굽는 시간: 20~22분	
버터	120g
오렌지 제스트	8g
설탕	120g
소금	0.3g
달걀	100g
달걀노른자	19g
박력분	120g
베이킹파우더	3.8g
우유	10g

덧바름용	
시럽	25g

샹티 크림	
생크림	180g
설탕	15g
마스카포네 치즈	20g

살구잼	
살구	100g
살구 퓌레	100g
설탕	70g

데코레이션	
허브	적당량
살구	적당량

오렌지 빅토리아 시트 만들기

01 볼에 버터와 오렌지 제스트를 담고 믹서로 부드럽게 푼다.

02 설탕을 두세 번 나누어 넣어가며 믹서로 섞는다. 설탕이 어느 정도 녹고 색이 밝아질 때까지 휘핑한다.

03 준비한 달걀과 달걀노른자를 1/3만 넣고 믹서로 섞는다. TIP. 실온에 꺼내 놓은 달걀을 사용해야 반죽이 분리되는 확률을 줄일 수 있다.

04 체 친 가루 재료를 20% 정도만 넣은 뒤 믹서를 저속으로 하여 가볍게 섞는다. TIP. 가루 재료 일부를 먼저 섞어주면 반죽이 분리될 확률을 줄일 수 있다.

05 남은 달걀을 반만 넣어 믹서로 완전히 섞은 다음 남은 달걀을 다 넣어 골고루 섞는다.

06 남은 가루 재료와 우유를 넣고 주걱으로 가볍게 섞는다. 반죽에 뭉친 가루가 남지 않고 윤기가 나면 완성이다.

07 완성한 반죽을 짤주머니에 넣고 준
   비한 팬에 230g씩 담는다.

08 주걱으로 반죽을 고르게 펴준다.

09 팬을 바닥에 두세 번 떨어뜨려 기
   포를 뺀 다음 예열한 오븐에 넣어
   160℃로 20~22분 가량 굽는다.

10 다 구워지면 오븐에서 꺼내 팬을 바
   닥에 떨어뜨려 시트 안에 남은 수
   증기를 뺀다.

11 시트가 약간 식으면 팬에서 뺀 후
   식힘망에 뒤집어 올려 식힌다.

12 시트 2장에 온기가 남아 있을 때 시
   럽을 바른다. TIP. 시트가 따뜻해야 시
   럽이 잘 스며들고 식감도 촉촉해진다.

샹티 크림 만들기

01 볼에 생크림과 설탕, 마스카포네
    치즈를 넣는다.

02 크림이 단단해지도록 80% 정도로
    휘핑한다.(43쪽 참고)

살구잼 만들기

01 냄비에 준비한 살구와 살구 퓌레,
    설탕을 넣어 약한 불에서 저어가며
    졸인다.

02 처음 중량의 70~75% 정도까지 졸
    아들면 완성이다.

01 샹티 크림을 806번 깍지 끼운 짤주
머니에 담고 준비한 시트 가장자리
에 파이핑한 후 안쪽까지 채운다.

02 샹티 크림 중앙에 살구잼을 올린다.

03 남은 시트를 겹쳐서 올리고 샹티 크
림을 파이핑한다.

보관 기간
냉장 3일

04 샹티 크림 중앙에 살구잼을 올린다.

05 조각낸 살구와 허브를 올려 마무리
한다.

SUGAR
LANE
BAKING

RASPBERRY VANILLA VICTORIA

라즈베리 바닐라 빅토리아

라즈베리잼과 버터크림을 사용한 전통적인 빅토리아 케이크다. 바닐라를 넣어 빅토리아 시트를 굽고 부드러운 버터크림과 상큼한 라즈베리잼을 더하면 완벽한 케이크가 된다.

준비

- 15cm, 1호 낮은 원형팬 2개를 준비하여 옆면에 버터를 바르고, 바닥에는 테프론시트 또는 유산지를 맞춰 깐다.
- 버터는 실온에 미리 꺼내둔다. ● 달걀과 달걀노른자는 미리 섞어서 실온에 꺼내둔다.
- 박력분과 베이킹파우더, 바닐라가루는 체 쳐서 섞어둔다. ● 37쪽을 참고해 시럽을 준비한다.
- 40쪽을 참고해 라즈베리잼을 준비한다. ● 825번 깍지를 준비한다. ● 오븐은 160℃로 예열한다.

재료

1호 사이즈, 1개 분량

바닐라 빅토리아 시트	
굽는 온도: 160℃ / 굽는 시간: 20~22분	
버터	120g
설탕	120g
소금	0.3g
달걀	100g
달걀노른자	19g
박력분	120g
베이킹파우더	3.8g
바닐라가루	2g
우유	10g

라즈베리잼	
냉동 라즈베리	72g
라즈베리퓌레	72g
설탕	58g

라즈베리 버터크림	
버터	110g
슈거파우더	40g
라즈베리잼	50g

데코레이션	
허브	적당량
데코화이트	적당량
구슬 스프링클	적당량

덧바름용	
시럽	25g

바닐라 빅토리아 시트 만들기

01 버터를 볼에 담고 믹서로 부드럽게 푼다.

02 설탕을 두세 번 나누어 넣어가며 믹서로 섞는다. 설탕이 어느 정도 녹고 색이 밝아질 때까지 휘핑한다.

03 준비한 달걀과 달걀노른자를 1/3만 넣고 믹서로 섞는다. TIP. 실온에 꺼내 놓은 달걀을 사용해야 반죽이 분리되는 확률을 줄일 수 있다.

04 체 친 가루 재료를 20% 정도만 넣은 뒤 믹서를 저속으로 하여 가볍게 섞는다. TIP. 가루 재료 일부를 먼저 섞어주면 반죽이 분리될 확률을 줄일 수 있다.

05 남은 달걀을 반만 넣어 믹서로 완전히 섞은 다음 나머지 달걀도 다 넣어 골고루 섞는다.

06 남은 가루 재료와 우유를 넣고 주걱으로 가볍게 섞는다. 반죽에 뭉친 가루가 남지 않고 윤기가 나면 완성이다.

07 완성한 반죽을 짤주머니에 넣고 준
비한 팬에 230g씩 담는다.

08 주걱으로 반죽을 고르게 펴준다.

09 팬을 바닥에 두세 번 떨어뜨려 기
포를 뺀 다음 예열한 오븐에 넣어
160℃로 20~22분 가량 굽는다.

10 다 구워지면 오븐에서 꺼내 팬을 바
닥에 떨어뜨려 시트 안에 남은 수
증기를 뺀다.

11 시트가 약간 식으면 팬에서 뺀 후
식힘망에 뒤집어 올려 식힌다.

12 시트 2장에 온기가 남아 있을 때 시
럽을 바른다. TIP. 시트가 따뜻해야 시
럽이 잘 스며들고 식감도 촉촉해진다.

라즈베리 버터크림 만들기

01 버터를 볼에 담아 믹서로 풀어준 다음 슈거파우더를 넣어 섞은 후 라즈베리잼을 넣는다.

02 재료가 완전히 섞이도록 휘핑한다.

완성하기

01 라즈베리 버터크림을 824번 깍지 끼운 짤주머니에 담고, 준비한 시트 가장자리에 파이핑한 후 안쪽까지 채운다.

02 라즈베리 버터크림 중앙에 라즈베리잼을 올린다.

03 남은 시트를 겹쳐서 올리고 ①~② 번 과정을 똑같이 반복한다.

04 가장자리에 데코화이트를 뿌리고
   가운데 구슬을 올려 마무리한다.

COCONUT MANGO VICTORIA

코코넛 망고 빅토리아

트로피컬한 코코넛과 망고가 어우러진 케이크다. 상큼한 컬러와 향이 돋보이며, 맛도 뛰어나 즐거운 파티 분위기와 잘 어울린다.

 준비

- 15cm, 1호 낮은 원형팬 2개를 준비하여 옆면에 버터를 바르고, 바닥에는 테프론시트 또는 유산지를 맞춰 깐다.
  - 버터는 실온에 미리 꺼내둔다. ● 달걀과 달걀노른자는 미리 섞어서 실온에 꺼내둔다.
- 박력분과 베이킹파우더, 코코넛가루는 체 쳐서 섞어둔다. ● 데코레이션용 망고는 과육만 작게 썰어 준비한다.
  - 37쪽을 참고해 시럽을 준비한다. ● 865번 깍지를 준비한다. ● 오븐은 160℃로 예열한다.

 재료

1호 사이즈, 1개 분량

코코넛 빅토리아 시트

굽는 온도: 160℃ / 굽는 시간: 20~22분

재료	분량
버터	112g
설탕	112g
소금	0.3g
달걀	83g
달걀노른자	17g
박력분	112g
코코넛가루	20g
베이킹파우더	3.6g
우유	10g

인서트

망고 청크잼	100g

샹티 크림

생크림	180g
설탕	15g
마스카포네 치즈	20g

데코레이션

재료	분량
코코넛가루	적당량
허브	적당량
망고	적당량

덧바름용

재료	분량
시럽	25g

코코넛 빅토리아 시트 만들기

01 버터를 볼에 담고 믹서로 부드럽게 푼다.

02 설탕을 두세 번 나누어 넣어가며 믹서로 섞는다. 설탕이 어느 정도 녹고 색깔이 밝아질 때까지 휘핑한다.

03 준비한 달걀과 달걀노른자를 1/3만 넣고 믹서로 섞는다. TIP. 실온에 꺼내놓은 달걀을 사용해야 반죽이 분리되는 확률을 줄일 수 있다.

04 체 친 가루 재료를 20% 정도만 넣은 뒤 믹서를 저속으로 하여 가볍게 섞는다. TIP. 가루 재료 일부를 먼저 섞어주면 반죽이 분리될 확률을 줄일 수 있다.

05 남은 달걀을 반만 넣어 믹서로 완전히 섞은 다음 남은 달걀을 다 넣어 골고루 섞는다.

06 남은 가루 재료와 우유를 넣고 주걱으로 가볍게 섞는다. 반죽에 뭉친 가루가 남지 않고 윤기가 나면 완성이다.

07 완성한 반죽을 짤주머니에 넣고 팬
에 220g씩 담는다.

08 주걱으로 반죽을 고르게 펴준다.

09 팬을 바닥에 두세 번 떨어뜨려 기
포를 뺀 다음 예열한 오븐에 넣어
160℃로 20~22분 가량 굽는다.

10 다 구워지면 오븐에서 꺼내 팬을 바
닥에 떨어뜨려 시트 안에 남은 수
증기를 뺀다.

11 시트가 약간 식으면 팬에서 뺀 후
식힘망에 뒤집어 올려 식힌다.

12 시트 2장에 온기가 남아 있을 때 시
럽을 바른다. TIP. 시트가 따뜻해야 시
럽이 잘 스며들고 식감도 촉촉해진다.

샹티 크림 만들기

01 볼에 생크림과 설탕, 마스카포네 치즈를 넣는다.

02 크림이 단단해지도록 80% 정도로 휘핑한다.(43쪽 참고)

완성하기

01 샹티 크림을 865번 깍지 끼운 짤주머니에 담고 준비한 시트 가장자리에 파이핑한 후 안쪽까지 채운다.

02 샹티 크림 중앙에 망고 청크잼을 올린다.

03 남은 시트를 겹쳐서 올리고 샹티 크림을 파이핑한 다음 중앙에 둥글게 망고 조각을 올린다.

보관 기간
냉장 3일

04 망고 조각 안쪽에 망고 청크잼을 채
　　운다.

05 가장자리에 코코넛가루를 뿌려 마
　　무리한다.

LEMON BLUEBERRY VICTORIA

레몬 블루베리 빅토리아

안토시아닌과 식이섬유가 풍부한 블루베리와 시트러스한 레몬의 상큼한 조합이 잘 어울리는 제품으로 부드러운 버터크림을 활용한 빅토리아 케이크이다.

준비

- 15cm, 1호 낮은 원형팬 2개를 준비하여 옆면에 버터를 바르고, 바닥에는 테프론시트 또는 유산지를 맞춰 깐다.
  - 시트용 버터는 실온에 미리 꺼내둔다. • 달걀과 달걀노른자는 미리 섞어서 실온에 꺼내둔다.
    - 박력분과 베이킹파우더는 체 쳐서 섞어둔다. • 37쪽을 참고해 시럽을 준비한다.
      - 805번과 865번 깍지를 준비한다. • 오븐은 160℃로 예열한다.

재료

1호 사이즈, 1개 분량

레몬 빅토리아 시트	
굽는 온도: 160℃ / 굽는 시간: 20~22분	
버터	120g
레몬 제스트	12g
설탕	120g
소금	0.3g
달걀	100g
달걀노른자	19g
박력분	120g
베이킹파우더	3.8g
우유	10g

레몬 버터크림	
버터	120g
슈거파우더	50g
레몬 제스트	10g
레몬즙	20g

데코레이션	
데코화이트	적당량
허브	적당량
블루베리	5~10개

인서트	
블루베리 청크잼	100g

덧바름용	
시럽	25g

레몬 빅토리아 시트 만들기

01 볼에 버터와 레몬 제스트를 담고 믹
서로 부드럽게 푼다.

02 설탕을 두세 번에 나누어 넣어가며
섞는다. 설탕이 어느 정도 녹고 색
이 밝아질 때까지 휘핑한다.

03 준비한 달걀과 달걀노른자를 1/3만
넣고 섞는다. TIP. 실온에 꺼내놓은
달걀을 사용해야 반죽이 분리되는 확
률을 줄일 수 있다.

04 체 친 가루 재료를 20% 정도만 넣
은 뒤 믹서를 저속으로 하여 가볍
게 섞는다. TIP. 가루 재료 일부를 먼
저 섞어주면 반죽이 분리될 확률을 줄
일 수 있다.

05 남은 달걀을 반만 넣고 믹서로 완전
히 섞은 다음 나머지 달걀을 다 넣
어 골고루 섞는다.

06 남은 가루 재료와 우유를 넣고 주걱
으로 가볍게 섞는다. 반죽에 뭉친
가루가 남지 않고 윤기가 나면 완
성이다.

07 완성한 반죽을 짤주머니에 넣고 팬
   에 230g씩 담는다.

08 주걱으로 반죽을 고르게 펴준다.

09 팬을 바닥에 두세 번 떨어뜨려 기
   포를 뺀 다음 예열한 오븐에 넣어
   160℃로 20~22분 가량 굽는다

10 다 구워지면 오븐에서 꺼내 팬을 바
   닥에 떨어뜨려 시트 안에 남은 수
   증기를 뺀다.

11 시트가 약간 식으면 팬에서 뺀 후
   식힘망에 뒤집어 올려 식힌다.

12 시트 2장에 온기가 남아 있을 때 시
   럽을 바른다. TIP. 시트가 따뜻해야 시
   럽이 잘 스며들고 식감도 촉촉해진다.

레몬 버터크림 만들기

01 버터를 볼에 담아 믹서로 부드럽게
   풀어준 다음 슈거파우더를 넣고 섞
   는다.

02 레몬 제스트와 레몬즙을 넣고 완전
   히 섞일 때까지 휘핑한다.

완성하기

01 레몬 버터크림을 806번 깍지 끼운
   짤주머니에 담고, 준비한 시트 가
   장자리에 파이핑한 후 안쪽까지 채
   운다.

02 레몬 버터크림 중앙에 블루베리 청
   크잼을 올린다.

03 남은 시트를 겹쳐서 올리고 레몬 버
   터크림을 865번 깍지 끼운 짤주머
   니에 담아, 가장자리에서 안쪽으로
   들어오며 동그라미 모양으로 파이
   핑한다.

04 파이핑한 레몬 버터크림 사이사이
에 블루베리 청크잼을 파이핑한다.

05 데코화이트를 뿌려 마무리한다.

◆

고구마, 당근, 밤, 바나나, 쿠키 등 취향에 맞는 다양
한 재료를 활용할 수 있는 홈 케이크를 소개한다. 그
날의 분위기에 맞는 케이크를 골라 도전해보자.

PART
2

HOME CAKE

홈 케 이 크

SWEET POTATO CAKE

고구마 케이크

오래도록 사랑받는 고구마 케이크를 조금 더 촉촉하고 부드럽게 업그레이드했다. 으깬 고구마에 생크림과 파티시에 크림을 섞어 놀라운 맛을 연출해보자.

준비

- 지름 15cm, 두께 1cm의 제누아즈 시트(25쪽 참고) 4장을 준비하여 온기가 남아 있을 때 시럽을 발라둔다.
- 805번과 824번 깍지를 준비한다.
- 삶은 고구마는 으깨서 준비한다.

재료

1호 사이즈, 1개 분량

고구마 크림	
파티시에 크림(36쪽 참고)	157g
삶은 고구마	210g
생크림	112g

데코레이션	
제누아즈 시트	적당량
고구마 말랭이	적당량
허브	적당량

아이싱 크림	
생크림	200g
설탕	15g
키르슈	1.3g

덧바름용	
시럽	60g

고구마 크림 만들기

01 생크림은 90% 정도로 휘핑한다.

02 볼에 파티시에 크림과 으깬 고구마
   를 넣은 다음 믹서를 2단으로 하여
   섞는다.

03 휘핑한 생크림을 두 번 나누어 넣어
   가며 주걱으로 섞는다.

04 완성된 고구마 크림은 냉장실에 보
   관한다.

아이싱 크림 만들기

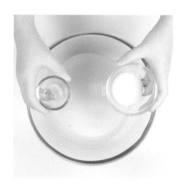

01 볼에 생크림과 설탕, 키르슈를 넣고 믹서를 1단으로 하여 휘핑한다.

02 설탕이 모두 녹으면 믹서를 4단으로 높여 크림이 되직해지도록 휘핑한다.

01 805번 깍지 끼운 짤주머니에 고구
마 크림을 담고 첫 번째 시트 위에
130~140g 정도 짠다.

02 스패출러로 고구마 크림을 평평하
게 펴준다.

03 두 번째 시트를 겹쳐서 올리고 ①
~②번 공정을 똑같이 반복한다.
세 번째 시트도 동일하게 한다.

04 마지막 시트를 겹쳐서 올린 후 옆면
으로 흐른 고구마 크림을 정리한다.

05 아이싱 크림을 올려 케이크 전체에
아이싱한다.

06 아이싱한 전체 단면을 깔끔하게 정
리한다.

07 824번 깍지 끼운 짤주머니에 남은 아이싱 크림을 담고 윗면에 파이핑 한다.

08 데코레이션용 제누아즈 시트를 체에 내려 가루로 만든다.

09 제누아즈 가루를 체에 담아 케이크 위에 뿌린다.

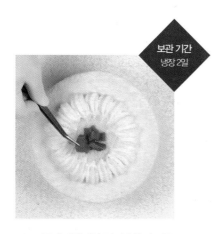

보관 기간
냉장 2일

10 고구마 말랭이와 허브를 올려 마무리한다.

CARROT CAKE

당근 케이크

베이킹 초보자도 쉽게 만들 수 있는 당근 케이크는 전형적인 북미 가정식 스타일 케이크다. 당근을 활용해 건강과 맛을 모두 충족시켜 호불호 없이 사랑받고 있다. 이 책에서는 당근과 함께 피칸과 아몬드가루를 넣어 고소함을 더했다. 케이크 속에 크림치즈 크림을 넣어 촉촉함이 일품이다.

준비

- 15cm, 1호 원형팬을 준비하여 옆면에 버터를 바르고 바닥에는 테프론시트 또는 유산지를 맞춰 깐다.
- 달걀은 실온에 미리 꺼내둔다. • 당근은 채 썰어 준비한다.
- 866번 깍지를 준비한다. • 오븐은 175℃로 예열한다.

재료

1호 사이즈, 1개 분량

당근 시트	
굽는 온도: 165℃ / 굽는 시간: 40~42분	
당근	170g
피칸 분태	30g
건포도	20g
달걀	120g
황설탕	90g
소금	1g
오렌지 제스트	5g
포도씨유	85g
박력분	135g
아몬드가루	35g
베이킹파우더	3g
베이킹소다	1g
시나몬가루	2g
넛맥가루	0.3g

크림치즈 크림	
크림치즈	230g
생크림	130g
설탕	50g
오렌지즙	10g

데코레이션	
데코화이트	적당량
허브	적당량
파스티아주	1개

당근 시트 만들기

01 박력분, 아몬드가루, 베이킹파우
더, 베이킹소다, 시나몬가루, 넛맥
가루를 모두 체로 쳐서 섞어둔다.

02 볼에 달걀을 풀고 황설탕, 소금, 오
렌지 제스트를 넣어 섞는다.

03 포도씨유를 넣고 섞는다.

04 채 썬 당근, 피칸 분태, 건포도를 넣
고 섞는다.

05 ①번 가루 재료를 넣는다.

06 날가루가 남지 않을 때까지 골고루
섞는다.

07 완성된 반죽을 준비한 팬에 담고 바
닥에 떨어뜨려 기포를 뺀다. 예열
한 오븐에 넣어 165℃로 40~42분
가량 굽는다.

08 다 구워지면 오븐에서 꺼내 팬을 바
닥에 떨어뜨려 시트 안에 남은 수
증기를 뺀다.

09 시트가 약간 식으면 팬에서 뺀 후
식힘망에 뒤집어 올려 식힌다.

10 시트가 완전히 식으면 유산지를 벗
기고 1.5cm 두께로 슬라이스하여
시트 3장을 만든다.

크림치즈 크림 만들기

01 볼에 15℃로 데운 크림치즈를 담고 설탕, 오렌지즙을 넣어 믹서를 저속으로 하여 푼다.

02 차가운 생크림을 넣고 믹서를 고속으로 하여 휘핑한다.

03 크림이 70~80% 정도로 되직하게 올라오면 완성이다.(43쪽 참고)

완성하기

01 크림치즈 크림을 866번 깍지 끼운 짤주머니에 넣고 준비한 시트 가장자리부터 안쪽까지 둥글게 짜서 채운다.

02 시트 1장을 겹쳐서 올린다.

03 ①~②번의 과정을 반복한다.

보관 기간
냉장 5일

04 윗면의 크림치즈를 스패출러로 평
   평하게 편다.

05 케이크 가장자리에 데코화이트를
   뿌리고 허브와 파스티야주로 마무
   리한다.

MARRON CAKE

마롱 케이크

마롱 케이크는 밤 페이스트와 단밤을 활용해 밤 특유의 맛을 최대한 끌어올려 만든 디저트다. 파운드 케이크의 반죽법을 사용해 손쉽게 만들 수 있도록 레시피를 구성했다.

 준비

- 노르딕웨어 클래식 번틀렛 팬을 준비하여 버터칠한 뒤 강력분을 뿌린 후 털어낸다.
- 235번 깍지를 준비한다. • 박력분, 베이킹파우더, 바닐라가루는 체 쳐서 섞어둔다.
- 모든 버터는 미리 실온에 꺼내둔다. • 시트용 구운 단밤은 잘게 썰어 준비한다.
- 37쪽을 참고해 시럽을 준비한다. • 오븐은 180℃로 예열한다.

 재료

6개 분량

마롱 시트	
굽는 온도: 170℃ / 굽는 시간: 15분	
버터	148g
설탕	135g
달걀	124g
박력분	148g
베이킹파우더	2.9g
바닐라가루	1.6g
우유	32g
구운 단밤	120g

밤 크림	
밤 페이스트	190g
다크 럼	6g
버터	25g
생크림	58g

시럽	
설탕	20g
물	40g
다크 럼	2g

데코레이션	
데코화이트	적당량
구운 단밤	6알

마롱 시트 만들기

01 버터를 부드럽게 풀어준 후 설탕을 넣어 섞는다.

02 달걀을 3~4번 나누어 넣어가며 믹서를 중저속으로 하여 섞는다.

03 체 친 박력분, 베이킹파우더, 바닐라가루를 넣고 믹서를 중저속으로 하여 섞는다.

04 잘게 썬 구운 단밤을 넣어 골고루 섞는다.

05 완성한 반죽을 팬 한 칸에 110~115g씩 담고 오븐에서 170℃로 15분간 굽는다.

06 다 구워지면 식힘망에 올려 식히고 살짝 온기가 남아 있을 때 시럽을 바른다.

밤 크림 만들기

01 밤 페이스트와 럼을 25~28℃로
    데운 다음 볼에 담아 덩어리가 없
    도록 풀어준다.

02 생크림과 버터를 넣고 매끄럽게 휘
    핑한다.

완성하기

보관 기간
냉장 3~4일

01 밤 크림을 235번 깍지 끼운 짤주머
    니에 담고 마롱 시트 가운데 구멍에
    짜서 채운 뒤 윗면에도 짜 올린다.

02 밤 크림 위에 단밤 한 알을 올린 후
    데코화이트를 뿌려 마무리한다. 나
    머지 마롱 시트도 똑같이 모양낸다.

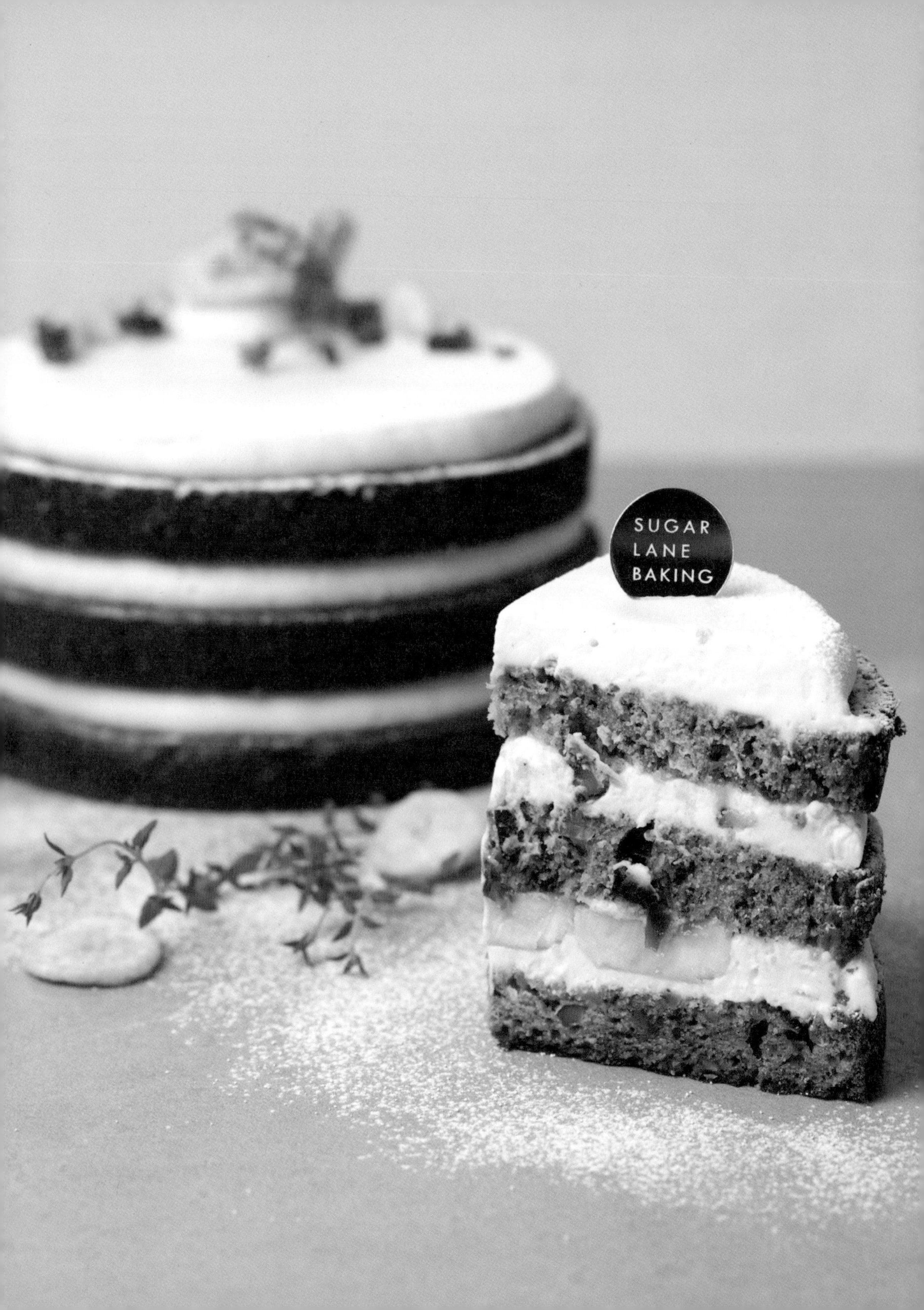
SUGAR
LANE
BAKING

BANANA CAKE

바나나 케이크

카페 디저트로 선풍적인 인기를 끌고 있는 바나나 브레드의 케이크 버전이다. 초보자도 만들기 쉬운 간편한 방식이지만, 바나나 맛과 크림치즈의 부드러움은 한층 업그레이드하여 소개했다.

준비

- 15cm, 1호 원형팬을 준비하여 옆면에 버터를 바르고 바닥에는 테프론시트 또는 유산지를 맞춰 깐다.
- 바나나는 완전히 익은 것으로 준비한다. • 달걀은 실온에 미리 꺼내둔다.
- 806번 깍지를 준비한다.
- 오븐은 175℃로 예열한다.

재료

1호 사이즈, 1개 분량

바나나 시트	
굽는 온도: 165℃ / 굽는 시간: 40~42분	
바나나	220g
레몬주스	5g
달걀	43g
황설탕	114g
소금	0.5g
녹인 버터	32g
포도씨유	28g
그릭요거트	30g
박력분	175g
시나몬가루	1g
베이킹소다	2.8g
호두 분태	30g
크랜베리	30g

크림치즈 크림	
크림치즈	205g
생크림	115g
설탕	45g
오렌지즙	5g

인서트	
바나나	2개

데코레이션	
바나나칩	적당량
데코화이트	적당량
허브	적당량
피칸 분태	적당량
피펫(메이플시럽)	1개

바나나 시트 만들기

01 바나나를 으깬 다음 레몬주스와 섞는다.

02 볼에 달걀과 소금, 설탕을 넣고 섞는다.

03 ②에 녹인 버터와 그릭요거트를 넣고 섞는다.

04 ③에 ①과 호두 분태, 크랜베리를 넣고 섞는다.

05 박력분, 시나몬가루, 베이킹소다를 체 친 후 넣는다.

06 날가루가 보이지 않을 때까지 골고루 섞는다.

07 완성된 반죽을 팬에 담고 바닥에 두 어 번 떨어뜨려 기포를 뺀다. 예열 한 오븐에 넣어 165℃로 40~42분 가량 굽는다.

08 다 구워지면 오븐에서 꺼내 팬을 바 닥에 떨어뜨려 시트 안에 남은 수 증기를 빼고 식힘망에 올려 식힌다.

09 식은 제누아즈는 1.5cm 두께 시트 3장으로 만든다.

크림치즈 크림 만들기

01 볼에 15℃로 데운 크림치즈와 설 탕, 오렌지즙을 넣고 믹서를 저속 으로 하여 푼다.

02 차가운 생크림을 넣고 믹서를 고속 으로 하여 휘핑한다.

03 크림이 80% 정도로 되직하게 올라 오면 완성이다.(43쪽 참고)

01 크림치즈 크림을 806번 깍지 끼운 짤주머니에 담고 첫 번째 시트 테두리를 따라 둥글게 크림을 짠다.

02 바나나를 슬라이스해서 크림 안쪽으로 올리고 바나나 위에 크림치즈 크림을 올려 평평하게 바른다.

03 두 번째 시트를 겹쳐서 올리고 ①~②번 과정을 똑같이 반복한다.

보관 기간
냉장 5일

04 마지막 시트를 올리고 크림치즈 크림을 시트 가장자리부터 안쪽까지 둥글게 짜서 채운 다음 스패츌러로 평평하게 편다.

05 가장자리에 데코스노우를 뿌린 뒤 바나나칩과 피칸 분태를 올려 마무리한다.

FIG DACQUOISE CAKE

무화과 다쿠아즈 케이크

겉은 바삭하고 속은 폭신한 프랑스의 디저트 다쿠아즈로 만든 특별한 케이크다. 고소한 아몬드와 버터크림의 환상적 조합을 맛볼 수 있는 다쿠아즈 케이크에 무화과를 더해 시각과 미각을 동시에 사로잡았다.

준비

- 18cm, 하트틀 2개를 준비한다. • 865번 깍지를 준비한다.
- 달걀흰자와 버터, 크림치즈는 실온에 미리 꺼내둔다.
- 박력분과 아몬드가루, 슈거파우더는 체 쳐서 섞어둔다.
- 덧가루용 슈거파우더를 준비한다.
- 인서트 무화과는 얇게 슬라이스하고 데코레이션용 무화과는 웨지 모양으로 썬다.
- 오븐은 170℃로 예열한다.

재료

18cm 사이즈, 1개 분량

다쿠아즈 쉘	
굽는 온도: 170℃ / 굽는 시간: 14~15분	
아몬드가루	81g
박력분	20g
슈거파우더	66g
달걀흰자	132g
설탕	40g
난백가루	1.3g

인서트	
무화과잼	120~140g
무화과	2개

버터크림	
버터	220g
슈거파우더	99g
크림치즈	110g

데코레이션	
무화과	6개
허브 잎	적당량

다쿠아즈 쉘 만들기

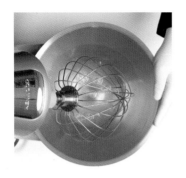

01 달걀흰자를 볼에 담고 믹서를 중속으로 하여 부드러운 맥주 거품이 될 때까지 휘핑한다.

02 설탕과 난백가루를 섞은 뒤 두 번 나누어 넣어가며 중고속으로 휘핑한다.

03 단단한 머랭이 만들어지면 믹서를 저속으로 하여 1분간 휘핑해 기포를 정리한다.

04 체 친 박력분, 아몬드가루, 슈거파우더에 ③의 머랭을 반만 넣어 11자로 80%만 섞어준다.

05 남은 머랭을 모두 넣고 가루가 보이지 않도록 100% 섞어 반죽을 완성한다.

06 오븐 팬 위에 하트틀 2개를 올리고 반죽을 짤주머니에 담아 팬닝한다.

07 스패출러로 반죽 표면을 평평하게
   정리한다.

08 반죽 위에 슈거파우더를 뿌리고 살
   짝 흡수된 뒤에 한 번 더 뿌린다. 오
   븐에 넣어 170℃로 14~15분 가량
   굽는다.

버터크림 만들기

01 버터를 볼에 담아 부드럽게 풀어준
   뒤 슈거파우더를 넣고 휘핑한다.

02 주걱으로 풀어준 크림치즈를 넣고
   휘핑한다.

01 준비한 다쿠아즈 쉘 위에 가장자리
   2cm 안쪽으로 무화과 잼 60~70g
   을 바른다.

02 버터크림을 865번 깍지 끼운 짤주
   머니에 담고 비워놓은 가장자리에
   파이핑한다.

03 무화과잼 위에 무화과 슬라이스를
   올린다.

04 무화과 슬라이스 위에 버터크림을
   얇게 파이핑한다.

보관 기간
냉장 3~4일

05 남은 다쿠아즈 쉘을 겹쳐서 올리고
   ①~④번 과정을 똑같이 반복한다.
   가운데에 웨지 무화과를 가득 올린
   뒤 허브 잎을 올려 마무리한다.

OREO RARE CHEESE CAKE

오레오 레어 치즈 케이크

오븐 없이 간단히 만들 수 있는 치즈 케이크다. 1900년대부터 현재까지 미국에서 가장 많이
팔린 쿠키로 손꼽히는 오레오 쿠키를 넣어 만들었다.

준비

- 지름 15cm, 높이 5cm, 원형 무스링을 준비하고 안쪽에 무스띠를 두른다.
- 12cm, 원형 실리콘틀(실리코마트 SQ013)을 준비한다.
- 버터는 녹여서 준비한다.
- 모든 크림치즈는 실온에 미리 꺼내둔다.

재료

1호 사이즈, 1개 분량

오레오 쿠키 베이스	
오레오 쿠키 파우더	95g
버터	45g

딸기 크림치즈	
크림치즈	54g
딸기가루(동결건조)	1.8g
딸기 청크잼	36g

치즈 케이크 베이스	
크림치즈	220g
설탕	63g
생크림	170g
젤라틴	5.6g
플레인 요거트	50g
레몬즙	10g
오레오 쿠키 파우더	70g

데코레이션	
오레오 쿠키 파우더	적당량
오레오 쿠키	1개

딸기 크림치즈 만들기

01 크림치즈와 딸기가루를 볼에 담아 휘핑한다.

02 딸기 청크잼을 넣어 휘핑한다.

03 딸기 크림치즈를 준비한 원형 실리콘틀에 채운 후 윗면을 평평하게 정리한다. 그대로 냉동실에 넣어 6시간 이상 굳힌다.

오레오 쿠키 베이스 만들기

01 준비한 무스링에 랩을 씌운다.

02 볼에 오레오 쿠키 파우더를 담고 녹인 버터를 섞는다.

03 오븐팬 위에 무스링을 올린 다음 ②를 담고 바닥과 옆면에 꾹꾹 눌러서 붙인다. 그대로 냉장실에 넣어 30분간 굳힌다.

치즈 케이크 베이스

01 얼음물에 젤라틴을 5~10분 불린 다음 물기를 꼭 짜둔다. TIP. 젤라틴을 한 장씩 넣어야 달라붙지 않는다.

02 크림치즈를 볼에 담아 풀어준 후 설탕을 넣고 섞는다.

03 플레인 요거트와 생크림을 넣고 섞는다.

04 ③의 일부를 덜어 볼에 담고 불린 젤라틴을 넣어 50℃로 데운다.

05 ④를 ③의 본반죽에 넣어 골고루 섞는다.

06 반죽을 체에 거른다.

07 레몬즙과 오레오 쿠키 파우더를 넣 는다.

08 반죽이 매끄러워질 때까지 섞는다.

완성하기

01 오레오 쿠키 베이스를 냉장실에서 꺼내 그 위에 치즈 케이크 베이스 를 반만 붓는다.

02 냉동실에서 딸기 크림치즈를 꺼내 가운데 올리고 남은 치즈 케이크 베이스를 붓는다.

03 윗면을 평평하게 정리한 다음 냉동 실에서 6시간 이상 굳힌다.

04 따뜻한 타올로 무스링을 감싼 후 무
　　스링을 케이크와 분리시킨다.

05 케이크 위에 오레오 쿠키 파우더를
　　뿌려 완성한다.

◆

초콜릿의 풍미를 다양하게 즐길 수 있는 대표적인
초콜릿 케이크들을 소개한다.

CHOCOLATE SIGNATURE CAKE

초콜릿 시그니처 케이크

CREAM CHEESE BROWNIE CAKE

크림치즈 브라우니 케이크

브라우니는 생각보다 쉽게 만들 수 있는 디저트 제품으로 케이크보다 묵직하고 쫀득한 식감을 가지고 있다. 견과류나 초코칩, 베리류와도 잘 어울려서 다양하게 변신 가능하다. 이 책에서는 부드럽고 산미와 고소함이 있는 크림치즈를 브라우니와 접목시켜 케이크의 맛을 배가시켰다.

 준비

- 사각 2호틀을 준비하여 옆면과 바닥에 맞게 유산지를 깐다.
- 중력분과 코코아가루는 미리 체 쳐서 섞어둔다.
- 480번 깍지를 준비한다. • 모든 달걀은 미리 실온에 꺼내둔다.
- 오븐은 160℃로 예열한다.

 재료

2호 사이즈, 1개 분량

브라우니 레이어	
굽는 온도: 160℃ / 굽는 시간: 24~26분	
다크 커버춰 초콜릿	136g
버터	80g
달걀	89g
설탕	93g
소금	0.5g
커피 플레이버	2g
중력분	40g
코코아가루	15g

크림치즈 레이어	
크림치즈	220g
달걀	50g
설탕	50g

다크 휩 가나슈	
다크 커버춰 초콜릿	60g
생크림a	60g
생크림b	120g

데코레이션	
초코볼	적당량

다크 휩 가나슈 만들기

01 다크 커버춰 초콜릿을 절반만 녹을 정도로 데운 다음 50℃로 데운 생크림a를 넣고 섞는다.

02 핸드블렌더로 섞어 잘 유화시킨 후 차가운 생크림b를 넣고 핸드블렌더로 섞는다. 냉장실에 6시간 이상 둔다.

크림치즈 레이어 만들기

01 크림치즈를 전자레인지에 돌려 30℃로 데운 다음 설탕을 넣고 섞는다.

02 달걀을 넣고 매끄러워질 때까지 섞어 반죽을 완성한다.

브라우니 레이어 만들기

01 달걀을 40℃로 데운 뒤 설탕과 소
   금을 넣어 섞는다.

02 버터와 다크 커버춰 초콜릿을 전자
   레인지에 돌려 완전히 녹인다.

03 ②에 커피 플레이버를 넣고 섞는다.

04 ①에 ③을 넣고 섞는다.

05 체 친 중력분과 코코아가루를 넣고
   골고루 섞어 반죽을 완성한다.

01 준비한 틀에 브라우니 레이어 반죽
을 붓고 주걱으로 평평하게 펴준다.

02 ① 위에 크림치즈 레이어 반죽을 붓
고 주걱으로 평평하게 펴준 다음
160℃ 오븐에 24~26분간 굽는다.
구워진 후 온기가 느껴지지 않을
때까지 충분히 식힌다.

03 냉장실에 보관한 다크 휩 가나슈를
꺼내 믹서로 되직하게 휘핑한다.

보관 기간
냉장 5일

04 다크 휩 가나슈를 480번 깍지 끼운
짤주머니에 담아 식은 ②의 윗면에
파이핑한다.

05 초코볼을 올려 마무리한다.

LAMINGTON CAKE

래밍턴 케이크

코코넛과 초콜릿의 조화가 환상적인 래밍턴 케이크는 호주와 뉴질랜드에서 사랑받는 디저트다. 보통 정사각형 모양이지만 여기서는 원형으로 재해석했다. 또한 초콜릿 소스를 업그레이드하여 더욱 진하고 깊은 맛을 느낄 수 있을 것이다.

준비

- 지름 15cm, 두께 1.5cm 크기의 제누아즈 시트(25쪽 참고) 3장을 준비한다.
- 866번 깍지를 준비한다.

재료

1호 사이즈, 1개 분량

초콜릿 소스	
다크 커버춰 초콜릿	20g
생크림	40g
코코아가루	1.5g

샹티 크림	
생크림	240g
설탕	20g

인서트	
딸기 청크잼	60g
코코넛가루	적당량

데코레이션	
허브	적당량
식용 꽃	적당량
하트 초콜릿	적당량

샹티 크림 만들기

01 볼에 생크림과 설탕을 넣는다.

02 크림이 단단해지도록 90% 정도로
   휘핑한다.(43쪽 참고) TIP. 샹티 크림
   을 미리 만들어 놓으면 냉장 보관하고
   사용하기 직전 휘핑해 사용한다.

초콜릿 소스 만들기

01 다크 커버춰 초콜릿을 45℃로 녹이
   고, 45℃로 데운 생크림과 코코아
   가루를 넣어 핸드블렌더로 섞는다.

완성하기

01 제누아즈 시트 3장의 윗면과 옆면
   에 준비한 초콜릿 소스를 바른다.

02 ①의 가장자리에서 1cm 안쪽으로
   코코넛가루를 골고루 뿌린다. 옆면
   에도 코코넛가루를 뿌린다.

03 샹티 크림을 866번 깍지 끼운 짤주
   머니에 담고 ②의 첫 번째 시트 가
   장자리에 파이핑한 다음 중간도 채
   운다.

04 가운데 크림 위에 딸기잼을 올린 다음 딸기잼 위로 샹티 크림을 얇게 올린다.

05 두 번째 시트를 겹쳐서 올리고 ③~④번 과정을 똑같이 반복한다.

06 세 번째 시트를 겹쳐서 올리고 시트 가장자리에 둥글게 샹티 크림을 파이핑한다. 코코넛가루를 뿌리고 초콜릿과 허브, 식용 꽃으로 마무리한다.

SACHER TORTE

자허 토르테

오스트리아의 대표적인 디저트 자허 토르테는 진한 초콜릿 케이크의 한 종류다. 케이크 시트에 초콜릿과 머랭을 넣어 굽는 방식으로 다른 케이크와는 또 다른 맛을 체험할 수 있다. 케이크 전체를 코팅한 진한 가나슈 글레이즈가 시선을 사로잡으며 새콤한 살구잼이 들어 있어 맛의 균형을 잡아준다.

준비

- 18cm, 2호 원형틀에 유산지를 깔아 준비한다.
- 초콜릿 시트용 다크 커버춰 초콜릿을 녹여 30℃로 준비한다.
- 버터와 달걀은 실온에 꺼내둔다. • 박력분과 코코아가루는 미리 체 쳐서 섞어둔다.
- 살구잼은 과육을 갈아서 매끄러운 상태로 준비한다.
- 오븐은 170℃로 예열한다.

재료

2호 사이즈, 1개 분량

초콜릿 시트	
굽는 온도: 160℃ / 굽는 시간: 35~38분	
버터	100g
슈거파우더	66g
달걀노른자	74g
다크 커버춰 초콜릿	113g
달걀흰자	116g
설탕	70g
박력분	98g
코코아가루	12g
우유	18g

가나슈 글레이즈	
다크 커버춰 초콜릿	150g
생크림	150g
물엿	15g

인서트	
살구잼	130~140g

초콜릿 시트 만들기

01 버터를 부드럽게 풀어준 후 슈거파우더를 넣고 섞는다.

02 달걀노른자를 넣고 잘 섞는다.

03 30℃로 준비한 다크 커버춰 초콜릿을 넣고 섞는다.

04 체 친 박력분과 코코아가루를 넣고 섞는다.

05 우유를 넣고 섞는다.

06 볼에 달걀흰자를 담아 전체적으로 잔거품이 올라오도록 풀고 설탕을 두 번 나누어 넣어가며 휘핑한다.

07 부드러운 머랭이 만들어지면 완성
이다.(44쪽 참고)

08 ⑤에 ⑦번 머랭을 두 번 나누어 넣
어가며 섞는다.

09 반죽이 매끄러워지도록 섞는다.

10 완성한 반죽을 준비한 틀에 담고 바
닥에 떨어뜨려 기포를 뺀 뒤 예열
한 오븐에서 160℃로 35〜38분간
굽는다.

11 다 구워지면 오븐에서 꺼내 팬을 바
닥에 떨어뜨려 시트 안에 남은 수
증기를 뺀다. 식힘망에 올려 완전
히 식힌다.

12 식은 시트의 아랫부분을 0.5cm 정
도 잘라내고 2cm 두께로 슬라이스
해 2장을 만든다.

가나슈 글레이즈 만들기

01 다크 커버춰 초콜릿을 반만 녹을 정
   도로 데운 다음 50℃로 데운 생크
   림과 물엿을 넣고 섞는다.

02 핸드블렌더로 잘 섞어 유화시킨다.

완성하기

보관 기간
냉장 5일

01 시트를 한 장 깔고 옆면과 윗면에
   살구잼을 골고루 바른 다음 나머
   지 시트를 겹쳐서 올린다. 다시 옆
   면과 윗면에 살구잼을 골고루 바른
   다음 냉동실에 15분 정도 넣어둔다.

02 냉동한 ①을 꺼내 팬 위에 올리고
   가나슈 글레이즈를 30~35℃로
   맞춰서 골고루 끼얹는다.

03 초콜릿 장식으로 데코레이션한 뒤
   그대로 굳혀서 완성한다.

126

TIRAMISU CAKE

티라미수 케이크

이탈리아어로 나를 위로 끌어올린다는 뜻을 가진 티라미수는 남녀노소를 불문하고 꾸준히 사랑받는 디저트다. 이 책에서는 쌉싸래한 에스프레소에 부드러운 마스카포네 크림과 고소한 달걀노른자를 더해 한 스푼만 먹어도 기분이 좋아지는 레시피를 소개했다.

준비

- 지름 18cm, 1cm 두께의 초콜릿 제누아즈 시트(28쪽 참고) 2장을 준비한다.
- 지름 15cm, 높이 5cm 무스링을 준비하여 옆면에 맞춰 무스띠를 두른다.
- 865번 깍지를 준비한다.

재료

1호 사이즈, 1개 분량

마스카포네 크림	
달걀노른자	55g
설탕	70g
물	26g
젤라틴	4g
마스카포네 치즈	225g
생크림	185g

커피 시럽	
에스프레소	74g
인스턴트 커피	0.7g
칼루아	13g
설탕	13g

데코레이션	
코코아가루	적당량
블루베리	적당량

01 얼음물에 젤라틴을 5~10분 불린 다음 물기를 짠다. TIP. 젤라틴을 한 장씩 넣어야 서로 달라붙지 않는다.

02 볼에 달걀노른자를 담고 설탕과 물을 넣어 가볍게 섞는다.

03 ②를 중탕하여 85℃가 될 때까지 저어준다.

04 ③에 ①을 넣는다.

05 반죽에 선이 생기는 루반 상태가 될 때까지 휘핑한다.

06 다른 볼에 생크림을 담고 70% 정도로 휘핑한다.(43쪽 참고)

07 다른 볼에 마스카포네 치즈를 담고 부드럽게 풀어준 후 ⑤를 넣어 섞는다.

08 ⑥을 두 번 나누어 넣어가며 매끄러워질 때까지 섞는다.

커피 시럽 만들기

01 뜨거운 에스프레소를 준비하고 설탕과 물을 넣어 섞는다.

02 칼루아와 인스턴트 커피를 넣고 섞으면 완성이다.

01 준비한 초콜릿 제누아즈 시트 2장을 15cm 무스링으로 자른다.

02 ①에 커피 시럽을 충분히 바른다.

03 준비한 무스링 위에 랩을 씌운다.

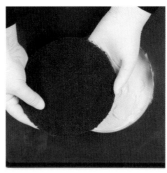

04 ③에 ②를 한 장 담고 마스카포네 크림을 무스링의 위에서 2cm 되는 부분까지만 짜서 담는다.

05 남은 시트를 올리고 마스카포네 크림을 무스틀 가득 채운다.

06 스패출러로 윗면을 깔끔하게 정리한다.

07 남은 마스카포네 크림을 865번 깍지 끼운 짤주머니에 담아 케이크 가장자리에 파이핑 한 후 미니 L자 스패츌러로 모양낸 후 안쪽에 한 번 더 파이핑한다.

08 코코아가루를 뿌리고 블루베리를 올려 마무리한다.

CHOCOLATE BASQUE CHEESE CAKE

초콜릿 바스크 치즈 케이크

굽는 시간이 짧고 손쉽게 만들 수 있는 바스크 치즈 케이크에 초콜릿 크레뮤를 더해
맛과 더불어 식감과 비주얼을 업그레이드한 제품이다.

준비

- 1호 하트팬을 준비하여 크기에 맞춰 유산지 2장을 겹쳐서 깔아둔다.
- 케이크용 다크 커버춰 초콜릿은 40℃로 준비한다.
- 크림치즈와 달걀은 실온에 미리 꺼내둔다.
- 오븐은 220℃로 예열한다.

재료

하트팬 1호 사이즈 1개 분량

초콜릿 치즈 케이크	
굽는 온도: 200℃ / 굽는 시간: 25~27분	
크림치즈	227g
설탕	35g
코코아가루	4.4g
옥수수전분	2.2g
달걀	96g
생크림	122g
다크 커버춰 초콜릿	93g

초콜릿 크레뮤	
우유	110g
달걀노른자	32g
설탕	13g
다크 커버춰 초콜릿	95g

초콜릿 치즈 케이크 만들기

01 크림치즈를 볼에 담고 믹서로 부드
럽게 풀어준다.

02 설탕과 코코아가루, 옥수수전분을
넣은 다음 믹서를 저속으로 하여
휘핑한다.

03 달걀을 넣고 믹서를 저속으로 하여
휘핑한다.

04 생크림을 넣고 믹서를 저속으로 하
여 휘핑한다.

05 40℃로 준비한 다크 커버춰 초콜
릿에 ④를 조금 넣어 섞은 다음 ④
에 모두 넣어 다시 섞는다.

06 완성한 반죽을 체에 밭쳐 하트팬
에 붓고 예열한 오븐에 200℃로
25~27분 가량 굽는다. 다 구워지
면 유산지 그대로 식힌다.

초콜릿 크레뮤 만들기

01 냄비에 우유와 설탕, 달걀노른자를
넣어 잘 섞고 약불에 올려 저어가
며 82~84℃까지 가열한다.

02 다크 커버춰 초콜릿을 절반만 녹인
다음 ①을 붓는다.

03 핸드블렌더로 잘 섞어 유화시킨다.

완성하기

보관 기간
냉장 4~5일

01 완전히 식은 초콜릿 치즈 케이크 위
에 바로 만든 초콜릿 크레뮤를 붓
는다. 그대로 냉동실에 넣어 6시간
이상 굳힌다.

02 굳은 케이크를 꺼내 따뜻한 타월로
감싼 후 틀과 유산지를 제거한다.

03 코코아가루를 뿌려 마무리한다.

◆

각종 축하 자리에서 빠질 수 없는 주인공이 된 생크림
케이크는 누구에게나 사랑받는 대표적인 케이크다.

**PART
4**

KOREAN STYLE
CREAM CAKE

생 크 림 케 이 크

SUGAR
LANE
BAKING

MATCHA STRAWBERRY CREAM CAKE

말차 딸기 생크림 케이크

부드러운 생크림에 딸기잼을 넣어 만든 딸기 크림을 말차 시트에 듬뿍 넣고 생딸기를 더해 만들었다. 딸기의 색감과 말차의 색감이 시각적인 즐거움을 주고 맛도 잘 어울린다.

준비

- 지름 15cm, 두께 1.5cm 말차 제누아즈 시트(28쪽 참고) 3장을 준비한다.
- 딸기 크림용 설탕과 딸기가루는 미리 섞어둔다.
- 말차 아이싱 크림용 설탕과 말차가루는 미리 섞어둔다.
- 95번 깍지를 준비한다. • 37쪽을 참고해 시럽을 준비한다.

재료

1호 사이즈, 1개 분량

딸기 크림	
생크림	180g
설탕	18g
딸기가루(동결 건조)	5g

말차 아이싱 크림	
생크림	240g
설탕	24g
말차가루	7g

인서트	
딸기 청크잼	40~50g
딸기 슬라이스	적당량

데코레이션	
딸기	적당량
말차가루	적당량

덧바름용	
시럽	45g

딸기 크림 만들기

01 미리 섞어둔 설탕과 딸기가루를 생
크림에 넣고 믹서를 중고속으로 하
여 휘핑한다.

02 크림이 단단하게 80% 정도 올라오
면 완성이다.(43쪽 참고)

말차 아이싱 크림 민들기

01 생크림에 설탕과 말차가루를 넣고
휘핑한다.

02 크림이 되직하게 70% 정도 올라오
면 완성이다.(43쪽 참고)

01 돌림판 중앙에 말차 제누아즈 시트를 올리고 시럽을 바른다.

02 시트에 딸기 청크잼을 바른 후 딸기 크림을 1/4만 올려서 평평하게 펴 바른다.

03 크림 위에 딸기 슬라이스를 골고루 올리고 다시 딸기 크림을 1/4만 올려서 펴 바른다.

04 시트를 한 장 더 올리고 ①~③번 과정을 한 번 더 반복한 다음 마지막 시트를 올리고 옆면으로 흐른 딸기 크림을 정리한다.

05 아이싱 크림을 올린다. 이때 아이싱 크림 80g은 데코레이션 용도로 따로 둔다.

06 돌림판을 돌려가며 윗면 → 옆면 → 윗면 순서로 고르게 아이싱한다. (45쪽 참고)

07 따로 덜어둔 아이싱 크림을 95번 깍지 끼운 짤주머니에 담고 케이크 윗면 가장자리에 파이핑한다.

08 딸기와 허브를 올리고 말차가루를 뿌려 마무리한다.

BLUEBERRY CREAM CAKE

블루베리 생크림 케이크

블루베리는 비교적 시즌과 무관하게 쉽게 생과를 구할 수 있으며, 수분이 적어 생과일을 이용해 생크림 케이크를 처음 만드는 사람들이 도전하기 좋다.

준비

- 지름 15cm, 두께 1.5cm의 제누아즈 시트(25쪽 참고) 3장을 준비한다.
- 37쪽을 참고해 시럽을 준비한다.

재료

1호 사이즈, 1개 분량

블루베리 인서트 크림	
생크림	125g
설탕	10g
키르슈	3g
블루베리 청크잼	72g

덧바름용	
시럽	45g

아이싱 크림	
생크림	180g
설탕	15g

인서트 + 데코레이션	
블루베리	125g
데코화이트	적당량

블루베리 크림 만들기

01 생크림에 설탕, 키르슈를 넣고 믹 서를 중고속으로 하여 휘핑한다.

02 크림 표면에 휘핑 자국이 선명하게 생기면 블루베리 청크잼을 넣고 다 시 휘핑한다.

03 크림이 80% 정도 올라오면 완성이 다. (43쪽 참고)

아이싱 크림 만들기

01 생크림에 설탕을 넣고 믹서를 중고 속으로 휘핑한다.

02 크림이 70% 정도 올라오면 완성이 다. (43쪽 참고)

148

01 돌림판 중앙에 제누아즈 시트를 올
리고 시럽을 바른다.

02 시트 윗면에 블루베리 크림 1/4을
올려 평평하게 펴 바른다.

03 블루베리를 골고루 얹는다.

04 블루베리 위에 블루베리 크림 1/4
을 올리고 크림을 가지런히 편다.
시트를 한 장 더 올리고 ①~③번
과정을 한 번 더 반복한 다음 마지
막 시트를 올리고 옆면으로 흐른
블루베리 크림을 정리한다.

05 아이싱 크림을 두 주걱 올린 다음
돌림판을 돌려가며 윗면→옆면 순
서로 고르게 아이싱한다.(45쪽 참고)

보관 기간
냉장 2~3일

06 윗면의 크림산은 정리하지 않고 남
겨둔다. 마지막에 블루베리를 올려
마무리 한다.

MUGWORT FIG CREAM CAKE

쑥 무화과 생크림 케이크

최근 쑥을 활용한 다양한 디저트가 인기다. 이 책에서도 중장년층은 물론 젊은층도 좋아할 만한 쑥 케이크 레시피를 선보이려고 한다. 씹는 재미와 쑥 특유의 향을 살려주는 쑥 크럼블을 올려 더욱 특별하다. 무화과와 쑥 크럼블이 어우러진 부드러운 생크림 케이크의 새로운 베리에이션을 만나보자.

준비

- 지름 15cm, 두께 1.5cm의 쑥 제누아즈 시트(28쪽 참고) 3장을 준비한다.
- 버터는 실온에 미리 꺼내둔다. ● 쑥크림용 설탕과 쑥가루는 미리 섞어둔다.
- 868번 깍지를 준비한다.
- 41쪽을 참고해 데코레이션용 무화과 조림을 준비한다.

재료

1호 사이즈, 1개 분량

쑥 크럼블	
황설탕	50g
버터	50g
박력분	50g
아몬드가루	45g
쑥가루	5g

쑥 크림	
생크림	395g
설탕	42g
쑥가루	11g

인서트	
무화과 잼	70~80g

데코레이션	
쑥가루	적당량
무화과 조림	적당량

쑥 크럼블 만들기

01 버터를 주걱으로 부드럽게 풀어준 후 황설탕, 박력분, 아몬드가루, 쑥가루를 넣는다.

02 적당한 크기로 뭉칠 때까지 핸드믹서로 섞은 후 냉동실에서 1시간 휴지시킨 후 160℃로 예열한 오븐에서 160℃로 15분간 굽는다.

쑥 크림 만들기

01 미리 섞어둔 설탕과 쑥가루를 생크림에 넣고 믹서를 중고속으로 하여 휘핑한다.

02 크림이 되직하게 70% 정도 올라오면 쑥 크림 완성이다.

03 ②의 쑥 크림을 180g만 볼에 담아 80% 정도로 휘핑하여 인서트 크림으로 사용한다.

01 돌림판 중앙에 쑥 제누아즈 시트를 올리고 시럽을 바른다.

02 시트 위에 무화과잼을 고르게 펴 바른다.

03 무화과잼 위에 인서트 크림을 한 주걱 올리고 평평하게 펴 바른다.

04 시트를 한 장 더 올리고 ①~③번 과정을 한 번 더 똑같이 반복한다.

05 마지막 시트를 올리고 옆면으로 흐른 인서트 크림을 정리한다.

06 쑥 크림 180g을 사용해 아이싱한다. 먼저 윗면에 크림을 한 주걱 올려 평평하게 편다.

07 옆면에도 쑥 크림을 더 발라 아이싱 한다.

08 마지막에 윗면을 정리한다.

09 남겨둔 쑥 크림을 868번 깍지 끼운 짤주머니에 담고 윗면에 비스듬히 대고 파이핑한다.

보관 기간
냉장 2~3일

10 쑥 크럼블과 무화과 조림을 얹고 쑥 가루를 뿌려 마무리한다.

◆

시폰 케이크는 1940년대에 처음 만들어졌고, 비단같
이 우아하고 미묘한 맛이 난다고 해서 시폰이란 이
름이 붙여졌다. 시폰 케이크는 버터 대신 식물성 유
지를 사용해 저온에서도 단단해지지 않아 식감이
유지되며 다른 종류의 케이크에서는 느낄 수 없는
특유의 부드러움을 가지고 있다.

CHIFFON CAKE

시 폰 케 이 크

RED VELVET CHIFFON CAKE

레드벨벳 시폰 케이크

레드벨벳 케이크의 매력적인 붉은 색감을 시폰에 적용시켜 만들었다. 화려한 색감에 쉽게 끌리는 부드럽고 달콤한 케이크다.

준비

- 높은 미니 시폰틀 2개를 준비한다. ● 분무기에 생수를 넣어 준비한다.
- 박력분, 베이킹소다, 코코아가루는 체 쳐서 섞어둔다.
- 825번 깍지를 준비한다.
- 오븐은 165℃로 예열한다.

재료

높은 미니 시폰 케이크 2개 분량

레드벨벳 시폰 시트	
굽는 온도: 165℃ / 굽는 시간: 20~22분	
달걀노른자	42g
설탕a	23g
소금	0.5g
카놀라유	29g
바닐라 익스트랙	4g
버터밀크	우유 21g + 식초 1.3g
슈퍼 레드 식용색소	14방울
박력분	43g
베이킹소다	0.4g
코코아가루	3.8g
달걀흰자	70g
설탕b	39g

아이싱 크림치즈 크림	
크림치즈	55g
생크림	270g
설탕	32g

딸기 크림	
크림치즈 크림	50g
딸기 청크잼	40g

데코레이션	
레드벨벳 케이크가루	적당량

레드벨벳 시폰 시트 만들기

01 볼에 달걀노른자를 담고 설탕a와 소금을 넣어 섞는다.

02 버터밀크를 넣어 섞은 후 뜨거운 물에 올려 중탕하여 온도를 40℃로 올린다. TIP. 버터밀크는 반죽에 넣기 30분 전에 미지근한 우유에 식초를 섞어 만든다.

03 카놀라유와 바닐라 익스트랙을 넣고 섞는다.

04 슈퍼 레드 식용색소를 14방울 넣고 섞는다.

05 체 친 박력분, 베이킹소다, 코코아 가루를 넣고 섞는다.

06 다른 볼에 달걀흰자를 담아 전체적으로 잔거품이 올라오도록 풀고 설탕b를 두 번 나누어 넣어가며 휘핑한다. 부드러운 머랭이 만들어지면 1분간 저속 휘핑한다.(44쪽 참고)

07 머랭을 ⑤에 넣어 부드럽게 섞는다.

08 준비한 높은 미니 시폰틀 2개에 분무기로 물을 뿌리고 틀 바닥에 물이 남지 않도록 털어낸다.

09 미니 시폰틀 2개에 반죽을 125~130g씩 담고 165℃ 오븐에서 20~22분가량 굽는다.

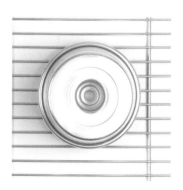

10 다 구워지면 팬을 바닥에 내리쳐 수증기를 뺀 뒤 식힘망에 뒤집어서 식힌다.

11 다 식으면 틀의 가장자리와 중앙을 손으로 눌러서 틀을 벗긴다.

12 옆으로 눕혀 바닥 부분을 빼낸다.

아이싱 크림치즈 크림 만들기

01 볼에 크림치즈와 설탕을 넣고 믹서 를 저속으로 하여 부드럽게 푼다.

02 차가운 생크림을 넣어 믹서를 고속 으로 하여 휘핑한다

03 크림이 70% 정도로 되직하게 올라 오면 완성이다. (43쪽 참고)

딸기 크림

01 아이싱 크림치즈 크림의 50g을 덜 어 볼에 담고 딸기 청크잼 40g을 넣어 섞는다.

완성하기

01 돌림판 위에 시폰 시트를 올리고 딸기 크림을 가운데 구멍에 채운다.

02 크림치즈 크림을 올려 옆면과 윗면에 얇게 아이싱한다.

03 마지막으로 윗면을 정리한다.

04 남은 아이싱 크림치즈 크림을 825번 깍지 끼운 짤주머니에 담아 윗면 가장자리에 파이핑한다.

보관 기간
냉장 3~4일

05 케이크 윗면과 옆면에 레드벨벳 케이크가루를 뿌려 마무리한다.

163

BLUEBERRY VANILLA
CHIFFON CAKE

블루베리 바닐라 시폰 케이크

블루베리 잼을 활용해 단조로울 수 있는 시폰 케이크에 맛의 변화를 주었다.

준비

- 높은 미니 시폰틀 2개를 준비한다. • 분무기에 물을 넣어 준비한다.
- 박력분, 베이킹파우더, 바닐라가루는 체 쳐서 섞어둔다.
- 867번 깍지를 준비한다.
- 오븐은 165℃로 예열한다.

재료

높은 미니 시폰 케이크 2개 분량

바닐라 시폰 시트	
굽는 온도: 165℃ / 굽는 시간: 20~22분	
달걀노른자	44g
설탕a	24g
소금	0.5g
우유	25g
카놀라유	30g
바닐라 익스트랙	4g
박력분	49g
베이킹파우더	0.7g
바닐라가루	1.2g
달걀흰자	74g
설탕b	41g

아이싱 크림	
생크림	325g
설탕	30g
키르슈	3g

블루베리 크림	
아이싱 크림	50g
블루베리 청크잼	40g

데코레이션	
블루베리	적당량
허브 잎	적당량

시폰 시트 만들기

01 볼에 달걀노른자를 담고 설탕a와
   소금을 넣어 섞는다.

02 우유를 넣고 뜨거운 물로 중탕하여
   온도를 40℃로 올린다.

03 카놀라유와 바닐라 익스트랙을 넣
   어 섞는다.

04 체 친 박력분, 베이킹파우더, 바닐
   라가루를 넣고 섞는다.

05 다른 볼에 달걀흰자를 담아 전체적
   으로 잔거품이 올라오도록 휘핑한
   후 설탕b를 두 번 나누어 넣어가며
   휘핑한다.

06 부드러운 머랭이 만들어지면 1분간
   저속으로 휘핑하여 기포를 정리한
   다.(44쪽 참고)

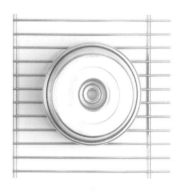

07 머랭을 ⑤에 두 번 나누어 넣어가며 부드럽게 섞는다.

08 물을 뿌린 미니 시폰틀 2개에 반죽을 125 ~130g씩 담고 165℃ 오븐에서 20~22분가량 굽는다.

09 다 구워지면 팬을 바닥에 떨어뜨려 수증기를 뺀 뒤 식힘망에 뒤집어 식힌다. 다 식으면 시폰틀에서 뺀다.

아이싱 크림 만들기

01 생크림에 설탕과 키르슈를 넣고 휘핑한다.

02 크림이 70% 정도로 되직하게 올라오면 완성이다. (43쪽 참고)

블루베리 크림 만들기

01 아이싱 크림 50g을 덜어 볼에 담고
블루베리 청크잼 40g을 넣어 되직
하게 섞는다.

완성하기

01 돌림판 위에 시폰 시트를 올리고 블
루베리 크림을 짤주머니에 담아 가
운데 구멍에 채운다.

02 아이싱 크림을 올려 전체적으로 얇
고 매끈하게 아이싱한다.

03 남은 아이싱 크림을 867번 깍지 끼
운 짤주머니에 담아 윗면 가장자리
에 파이핑한다.

보관 기간
냉장 3~4일

04 준비한 블루베리를 가운데 올린 다
   음 허브 잎으로 마무리한다.

PEACH CHIFFON CAKE

복숭아 시폰 케이크

생과일 시즌이 지나도 시판 제품을 사용해 근사한 케이크를 만들 수 있다는 것을 보여주는 케이크다. 은은한 복숭아 향이 부드러운 시폰 케이크에 잘 어우러진다.

준비

- 높은 미니 시폰틀 2개를 준비한다. • 분무기에 생수를 담아 준비한다.
- 박력분과 코코아가루는 체 쳐서 섞어둔다.
- 806번 깍지를 준비한다.
- 오븐은 165℃로 예열한다.

재료

높은 미니 시폰 케이크 2개 분량

시폰 시트	
굽는 온도: 165℃ / 굽는 시간: 20~22분	
달걀노른자	44g
설탕a	24g
소금	0.5g
우유	24g
카놀라유	30g
바닐라 익스트랙	4g
피치트리 리큐어	3g
박력분	49g
베이킹파우더	0.7g
달걀흰자	74g
설탕b	41g

아이싱 피치 크림	
생크림	325g
설탕	30g
피치트리 리큐어	4g

피치 크림	
아이싱 크림	50g
화이트피치 청크잼	40g

데코레이션	
백도 통조림	적당량
버건디 식용색소	1~2방울
허브 잎	1장

시폰 시트 만들기

01 달걀노른자를 풀고 설탕a와 소금을 넣어 섞는다.

02 우유를 넣은 뒤 뜨거운 물로 중탕하여 온도를 40℃로 올린다.

03 카놀라유와 바닐라 익스트랙, 피치트리 리큐어를 넣어 섞는다.

04 체 친 박력분과 베이킹파우더를 넣고 섞는다.

05 다른 볼에 달걀흰자를 담아 전체적으로 잔거품이 올라오도록 휘핑한 후 설탕b를 두 번 나누어 넣어가며 휘핑한다.

06 부드러운 머랭이 만들어지면 1분간 저속으로 휘핑하여 기포를 정리한다.(44쪽 참고)

07 머랭을 ⑤에 두 번 나누어 넣어가며 부드럽게 섞는다.

08 물을 뿌린 미니 시폰틀 2개에 반죽을 125 ~130g씩 담고 165℃ 오븐에서 20~22분가량 굽는다.

09 다 구워지면 팬을 바닥에 떨어뜨려 수증기를 뺀 다음 식힘망에 뒤집어서 식힌다. 다 식으면 시폰틀에서 뺀다.

데코레이션 복숭아 만들기

01 통조림 백도를 얇게 슬라이스하여 버건디 식용색소를 1~2방울 넣은 통조림 시럽에 담가둔다.

아이싱 피치 크림 만들기

01 생크림에 설탕과 피치트리 리큐어를 넣고 휘핑한다.

02 크림이 70% 정도로 되직하게 올라오면 완성이다. (43쪽 참고)

피치 크림 만들기

01 아이싱 크림의 50g을 덜어 볼에 담고 화이트피치 청크잼 40g을 넣어 되직하게 섞는다.

완성하기

01 돌림판 위에 시폰 시트를 올리고 피치 크림을 가운데 구멍에 채운다.

02 아이싱 피치 크림을 올려 전체적으로 얇고 매끈하게 아이싱한다.

03 남은 아이싱 피치 크림을 806번 깍지 끼운 짤주머니에 담아 윗면 가장자리에 파이핑한다.

보관 기간
냉장 3~4일

04 준비한 데코레이션 복숭아 슬라이
스의 수분을 제거하고 꽃처럼 돌돌
말아 가운데 올린 다음 허브 잎으
로 마무리한다.

◆

크레이프는 바닥이 비칠 정도로 얇게 구워 다양한
재료를 넣어 먹는 프랑스 음식이다. 일본에서 다양
하게 변화되어 인기 디저트로 발전했다. 이 책에서
는 오븐 없이 팬으로 크레이프를 구워, 근사한 케이
크로 완성하는 방법을 소개한다.

STRAWBERRY CREPE CAKE

딸기 크레이프 케이크

딸기 철이 아니어도 딸기가루와 딸기잼만 있으면 맛있는 딸기 케이크를 만들 수 있다. 상큼한 딸기가루를 넣어 크레이프를 굽고, 사이사이 딸기잼과 샹티 크림을 바르면 완성! 오븐과 아이싱 없이 만들 수 있는 최고의 케이크다.

준비

- 24cm 원형 프라이팬을 준비한다.
- 18cm 원형 무스링을 준비한다.
- 설탕, 소금, 딸기가루는 미리 섞어둔다.
- 인서트 샹티 크림용 딸기 청크잼은 갈아서 준비한다.

재료

2호 사이즈, 1개 분량

딸기 크레이프	
달걀	320g
설탕	65g
소금	1g
딸기가루	15g
박력분	230g
우유	600g
버터	90g
바닐라 익스트랙	5g
슈퍼 레드 식용색소	적당량

인서트	
딸기 청크잼	65g
딸기 다이스	적당량

인서트 샹티 크림	
생크림	422g
딸기 청크잼	84g
설탕	9g
딸기 리큐어	4g

데코레이션	
데코화이트	적당량
딸기 다이스(동결건조)	적당량
파스티야주	1개
허브	적당량

딸기 크레이프 만들기

01 냄비에 우유와 버터를 넣고 불에 데워 온도를 60℃까지 올린다.

02 볼에 달걀을 담고 미리 섞어둔 설탕, 소금, 딸기가루를 넣어 섞는다.

03 박력분과 바닐라 익스트랙을 넣고 섞는다.

04 ①을 천천히 부어가며 섞는다.

05 슈퍼 레드 식용색소를 1~2방울 떨어뜨려 원하는 색깔을 만든다.

06 반죽을 체에 거른 후 랩을 씌워 냉장실에서 하루 숙성한다.

07 소량의 기름을 두른 달군 팬에 반죽
을 붓는다.

08 팬 가득히 반죽이 얇게 퍼지도록 하
여 고르게 굽는다.

09 시트 가장자리가 팬에서 떨어지면
꺼낸다. 똑같이 15장을 굽는다.

10 구운 크레이프는 5장씩 준비한 원
형 무스링으로 눌러서 자른다.

인서트 샹티 크림 만들기

01 볼에 생크림, 딸기잼, 설탕, 딸기 리
큐어를 넣는다.

02 크림이 단단해지도록 80% 정도로
휘핑한다. (43쪽 참고)

완성하기

01 딸기 크레이프를 1장 놓고 인서트
샹티 크림 35g을 올려 펴 바른다.
그 위에 겹쳐서 딸기 크레이프 1장,
인서트 샹티 크림 35g을 올려 펴
바르고 다시 딸기 크레이프 1장, 인
서트 샹티 크림 35g을 펴 바른다.

02 ① 위에 딸기잼 16g을 펴 바른 다음
딸기 다이스를 뿌린다.

03 ①~②번 과정을 4회 반복하여 크
레이프 15장이 층층이 겹쳐지도록
만든다. 마지막 크레이프에는 딸기
청크잼을 바르지 않고 인서트 샹티
크림을 바른다.

04 데코화이트를 뿌리고 딸기 다이스,
    허브, 파스티야주를 올려 마무리
    한다.

MATCHA CREPE CAKE

말차 크레이프 케이크

쌉싸름한 말차를 사용한 반죽과 달콤한 복숭아의 조합이 돋보이는 말차 크레이프 케이크다.

◇ 준비 ◇

- 24cm 원형 프라이팬을 준비한다.
- 18cm 원형 무스링, 108번 깍지를 준비한다.
- 시트용 설탕, 소금, 말차가루는 미리 섞어둔다.
- 복숭아 청크잼은 갈아서 준비한다.

◇ 재료 ◇

2호 사이즈, 1개 분량

말차 크레이프	
달걀	320g
설탕	70g
소금	1g
말차가루	12g
박력분	235g
우유	600g
버터	90g
바닐라 익스트랙	5g

말차 크림	
생크림a	130g
말차가루	14g
설탕	15g
쿠앵트로	6g
생크림b	455g

데코레이션	
말차가루	적당량

인서트	
복숭아 청크잼	65g

말차 크레이프 만들기

01 냄비에 우유와 버터를 넣고 불에 데워 온도를 60℃까지 올린다.

02 볼에 달걀을 담고 미리 섞어둔 설탕, 소금, 말차가루를 넣어 섞는다.

03 박력분과 바닐라 익스트랙을 넣고 섞는다.

04 ①을 천천히 부어가며 섞는다.

05 반죽을 체에 거른다.

06 반죽을 랩을 씌워 냉장실에서 하루 숙성한다.

07 소량의 기름을 두른 달군 팬에 반죽
   을 붓는다.

08 팬 가득히 반죽이 얇게 퍼지도록 하
   여 고르게 굽는다.

09 시트 가장자리가 팬에서 떨어지면
   꺼낸다. 똑같이 15장을 굽는다.

10 구운 크레이프는 5장씩 준비한 원
   형 무스링으로 눌러서 자른다.

말차 크림 만들기

01 볼에 생크림a와 말차가루를 넣고 섞는다.

02 다른 볼에 생크림b, 설탕, 쿠앵트로를 담고 ①을 넣는다.

03 크림이 단단해지도록 80% 정도 휘핑한다.(43쪽 참고).

완성하기

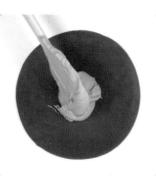

01 말차 크레이프를 1장 놓고 말차 크림 35g을 올려 얇게 바른다. 그 위에 겹쳐서 말차 크레이프 1장, 말차 크림 35g을 올려 펴 바르고 다시 말차 크레이프 1장, 말차 크림 35g을 올려 펴 바른다.

02 ① 위에 복숭아 청크잼 16g을 올려서 펴 바른다.

03 ①~②번 과정을 4회 반복하여 크레이프 15장이 층층이 겹쳐지도록 만든다. 마지막 크레이프에는 복숭아 청크잼을 바르지 않는다.

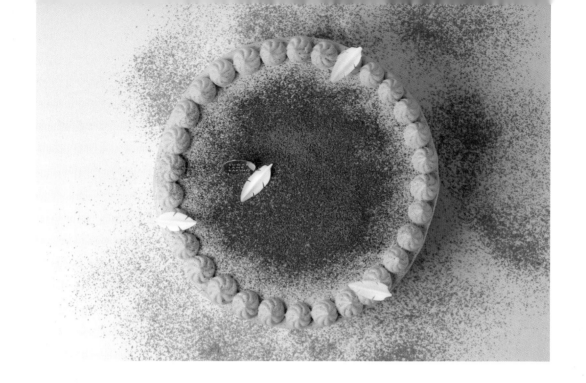

04 말차 크림을 올려 크레이프 전체에 아이싱한다.

05 남은 말차 크림을 108번 깍지 끼운 짤주머니에 담아 가장자리에 파이핑한다.

06 가운데에 말차가루를 뿌리고 마무리한다.

MANGO CREPE CAKE

망고 크레이프 케이크

향긋한 바닐라 크레이프와 달콤한 망고 크림의 조화가 훌륭한 케이크다. 크레이프를 사각형
으로 구워 새롭게 연출해보자.

준비

- 21cm, 사각 프라이팬을 준비한다.
- 18cm, 사각 무스링을 준비한다.
- 설탕과 소금, 그리고 바닐라빈의 씨만 긁어 미리 섞어둔다
- 샹티 크림용 망고 청크잼은 갈아서 준비한다.

재료

18cm x18cm 크기, 1개 분량

바닐라 크레이프	
달걀	320g
설탕	65g
소금	1g
박력분	240g
우유	600g
버터	90g
바닐라빈	1/4개

인서트	
망고 청크잼	80g

망고 샹티 크림	
생크림	480g
망고 청크잼	96g
설탕	10g
키르슈	5g

데코레이션	
망고	적당량
허브	적당량
코코넛칩	적당량
데코화이트	적당량

바닐라 크레이프 만들기

01 냄비에 우유와 버터를 넣고 불에 데워 온도를 60℃까지 올린다.

02 볼에 달걀을 담고 미리 섞어둔 설탕, 소금, 바닐라빈을 넣어 섞는다.

03 박력분을 넣고 섞는다.

04 ①을 천천히 부어가며 섞는다.

05 반죽을 체에 거른다.

06 반죽에 랩을 씌워 냉장실에서 하루 숙성한다.

07 소량의 기름을 두른 달군 팬에 반죽을 붓는다.

08 팬 가득히 반죽이 얇게 퍼지도록 하여 고르게 굽는다. 같은 방법으로 크레이프 15장을 굽는다.

09 구운 크레이프는 5장씩 준비한 사각링으로 눌러서 자른다.

01 생크림에 설탕과 망고 청크잼을 넣 는다.

02 크림이 단단해지도록 80% 정도로 휘핑한다.

완성하기

01 바닐라 크레이프를 1장 놓고 망고 샹티 크림 42g을 올려 얇게 바른 다. 그 위에 바닐라 크레이프 1장, 망고 샹티 크림 42g을 올려 펴 바 르고 다시 바닐라 크레이프 1장, 망 고 샹티 크림 42g을 올려 펴 바른다.

02 ① 위에 망고 청크잼 20g을 올려 펴 바른다.

03 ①~②번 과정을 4회 반복하여 크 레이프 15장이 층층이 겹치도록 만 든다. 마지막 크레이프에는 망고 청크잼을 바르지 않는다.

04 데코화이트를 뿌리고 망고, 허브,
    코코넛칩을 올려 마무리한다.

CHOCOLATE CREPE ROLL CAKE

초콜릿 크레이프 롤케이크

진한 초콜릿과 상큼한 샤인머스캣이 만나 새로운 맛을 선사한다. 크레이프를 돌돌 말아 롤
케이크로 만들어보자.

준비

- 24cm 원형 프라이팬을 준비한다.
- 18cm 원형 무스링을 준비한다.
- 설탕, 소금, 코코아가루는 미리 섞어둔다.

재료

롤케이크 2개 분량

초콜릿 크레이프 시트	
달걀	200g
설탕	44g
소금	0.5g
코코아가루	14g
박력분	137g
우유	374g
버터	56g
바닐라 익스트랙	5g

인서트	
샤인머스캣	6알

초콜릿 크림	
생크림a	65g
설탕	8g
다크 커버춰 초콜릿	65g
생크림b	190g

데코레이션	
코코아가루	적당량

초콜릿 크레이프 만들기

01 냄비에 우유와 버터를 넣고 불에 데워 온도를 60℃까지 올린다.

02 볼에 달걀을 담고 미리 섞어둔 설탕, 소금, 코코아가루를 섞는다.

03 박력분과 바닐라 익스트랙을 넣고 섞는다.

04 ①을 천천히 부어 가며 섞는다.

05 반죽을 체에 거른다.

06 반죽에 랩을 씌워 냉장실에서 하루 숙성한다.

07 소량의 기름을 두른 달군 팬에 반죽을 붓는다.

08 팬 가득히 반죽이 얇게 퍼지도록 하여 고르게 굽는다. 같은 방법으로 크레이프 10장을 굽는다.

09 구운 크레이프는 5장씩 준비한 원형 무스링으로 눌러서 자른다.

초콜릿 크림 만들기

01 45℃로 녹인 다크 커버춰 초콜릿에 45℃의 생크림a을 넣고 잘 섞어 가나슈를 만든다.

02 볼에 생크림b와 설탕을 담고 30℃로 식은 ①을 넣는다.

03 크림이 단단해지도록 80% 정도 휘핑한다. (43쪽 참고)

완성하기

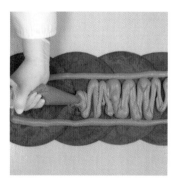

01 초콜릿 크레이프 5장을 겹쳐서 펼치고 그 위에 초콜릿 크림을 짜 올린다.

02 한쪽 끝에 샤인머스캣을 올리고 크레이프 반죽 위아래를 접는다.

03 크레이프로 샤인머스캣을 감싸며 김밥 말 듯 돌돌 말아준다.

보관 기간
냉장 3일

04 크레이프를 랩으로 씌운 다음 냉장
   실에 넣어 30분 정도 모양을 잡은
   후 꺼내면 완성이다.

◆

오래도록 사랑받는 롤케이크와 카스텔라를 소개한
다. 부드럽고 폭신폭신한 식감이 중요한 케이크인
만큼 시트 만드는 과정에 신경 쓰자.

SOFT CAKE

소 프 트 케 이 크

MATCHA STRAWBERRY ROLL CAKE

말차 딸기 롤케이크

말차 딸기 롤케이크는 쌉싸래한 말차와 상큼한 딸기의 조합으로 미각을 끌어올리는 동시에
시각적 즐거움을 느낄 수 있다.

준비

- 30cm, 6호 정사각팬을 준비한다. ● 865번 깍지를 준비한다.
- 박력분과 말차가루는 두 번 체 쳐서 섞어둔다. ● 달걀은 실온에 미리 꺼내둔다.
- 우유와 오일은 섞어서 60℃로 데워둔다.
- 오븐은 165℃로 예열한다.

재료

롤케이크 1개 분량

말차 시트	
굽는 온도: 155℃ / 굽는 시간: 22~23분	
달걀노른자	90g
설탕a	27g
우유	43g
오일	48g
박력분	72g
말차가루	7g
달걀흰자	177g
설탕b	71g

딸기 크림	
생크림	270g
설탕	20g
딸기 청크잼	150g
키르슈	6g

데코레이션	
딸기	적당량
허브 잎	적당량

말차 시트 만들기

01 볼에 달걀노른자를 담고 설탕을 넣어 섞는다.

02 뜨거운 물로 중탕하여 40℃로 데운다.

03 믹서를 고속으로 하여 루반 상태가 될 때까지 휘핑한다. 마지막에 30초간 저속으로 휘핑하여 기포를 정리한다.

04 다른 볼에 달걀흰자를 넣고 잔거품이 날 때까지 믹서를 중고속으로 하여 휘핑한 다음 설탕b를 반만 넣는다.

05 설탕이 녹으면 나머지 설탕을 다 넣고 믹서를 중고속으로 하여 휘핑한다. 부드러운 머랭이 만들어지면 마지막에 1분간 저속으로 휘핑하여 기포를 정리한다.

06 ③에 머랭의 반만 넣어 가볍게 섞은 뒤 박력분과 말차가루를 반만 넣어 섞는다.

07 남은 머랭을 모두 넣어 섞는다.

08 남은 박력분과 말차가루를 넣고 섞는다.

09 데운 우유와 오일에 ⑨의 반죽을 한 주걱 떠서 섞는다.

10 ⑩을 ⑨에 넣어 매끄럽게 섞는다. 너무 많이 섞으면 부피가 줄어드니 주의한다.

11 정사각팬에 반죽을 담고 스크레이퍼로 윗면을 고르게 편다. 팬을 바닥에 내리쳐 공기를 뺀 뒤 오븐에서 155℃로 22~23분 굽는다.

12 다 구워지면 팬에서 꺼내고 윗면에 유산지를 덮어 식힌다.

딸기 크림 만들기

01 볼에 생크림과 설탕a, 키르슈를 넣고 휘핑한다.

02 크림이 되직하게 70% 정도 올라오면 딸기 청크잼을 넣는다.

03 크림이 단단해지는 80% 정도로 휘핑한다. 크림이 완성되면 70g은 데코레이션용으로 따로 덜어둔다.

완성하기

01 바닥에 유산지를 펴고 식힌 말차 시트를 올린 다음 가장자리를 잘라 정리한다. 이때 한 면은 45도 각도로 비스듬히 자른다.

02 시트 위에 딸기 크림을 올리고 고르게 펴 바른다. 이때 위에서 5cm 되는 지점은 크림을 높이 바르고 아래에서 3cm 되는 지점부터는 크림을 적게 바른다.

03 밀대를 이용해서 시트를 돌돌 말아준다.

보관 기간
냉장 2~3일

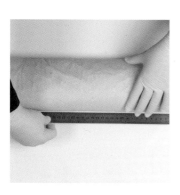

04 마지막에 자를 이용하여 타이트하
게 고정한 후 그대로 냉장실에 넣
어 3시간 휴지한다.

05 남은 딸기 크림을 865번 깍지 끼운
짤주머니에 담아 윗면에 파이핑하
고 딸기와 허브 잎을 올려 마무리
한다.

CHOCOLATE STRAWBERRY ROLL CAKE

초콜릿 딸기 롤케이크

초콜릿 딸기 롤케이크는 초콜릿 시트와 다크 휩 가나슈, 가나슈 글레이즈까지 더해 궁극의 초콜릿 맛을 연출했다. 여기에 새콤한 딸기를 더해 맛의 밸런스를 잡아주었다.

준비

- 30cm, 6호 정사각팬을 준비한다. ● 박력분과 코코아가루는 두 번 체 쳐서 섞어둔다.
- 달걀은 실온에 미리 꺼내둔다.
- 우유와 오일은 섞어서 40℃로 데워둔다.
- 딸기는 꼭지를 뗀다. ● 오븐은 165℃로 예열한다.

재료

롤케이크 1개 분량

초콜릿 시트	
굽는 온도: 155℃ / 굽는 시간: 22~23분	
달걀노른자	90g
설탕a	27g
우유	41g
오일	49g
박력분	62g
코코아가루	15g
달걀흰자	179g
설탕b	72g

가나슈 글레이즈	
다크 커버춰 초콜릿	120g
생크림	120g
물엿	12g

다크 휩 가나슈	
다크 커버춰 초콜릿	83g
생크림a	83g
생크림b	178g

인서트	
딸기	적당량

데코레이션	
코코아가루	적당량
허브	적당량

초콜릿 시트 만들기

01 볼에 달걀노른자와 설탕a를 넣어 섞는다.

02 뜨거운 물로 중탕하여 온도를 40℃로 올린다.

03 데운 우유와 오일을 넣고 골고루 섞어 유화시킨다.

04 체 친 박력분과 코코아가루를 넣어 섞는다.

05 다른 볼에 달걀흰자를 넣고 잔거품이 날 때까지 믹서를 중고속으로 하여 휘핑한 다음 설탕b를 반만 넣는다.

06 설탕이 녹으면 나머지 설탕을 다 넣고 믹서를 중고속으로 하여 휘핑한다. 부드러운 머랭이 만들어지면 마지막에 1분간 저속으로 휘핑하여 기포를 정리한다.

07 ④에 머랭의 반만 넣어 가볍게 섞는다.

08 남은 머랭을 다 넣어 매끄럽게 섞는다.

09 정사각팬에 반죽을 담고 스크레이퍼로 윗면을 고르게 편다. 팬을 바닥에 내리쳐 공기를 뺀 뒤 오븐에서 155℃로 22~23분 굽는다.

다크 휩 가나슈 만들기

10 다 구워지면 팬에서 꺼내고 옆면의 유산지를 떼어낸 후 윗면에 유산지를 덮어 식힌다.

01 다크 커버춰 초콜릿을 절반만 녹을 정도로 데우고, 생크림a를 50℃로 데운다.

02 데운 생크림을 다크 커버춰 초콜릿에 넣고 핸드블렌더로 잘 섞어 유화시킨 다음 차가운 생크림b를 넣고 섞는다. 냉장실에 넣어 6시간 휴지한다.

213

01 바닥에 유산지를 펴고 식힌 초콜릿 시트를 올린 다음 가장자리를 잘라 정리한다. 이때 한 면은 45도 각도로 비스듬히 자른다.

02 냉장실에 휴지시킨 다크 휩 가나슈를 꺼내 단단하게 80% 정도로 휘핑한다.

03 시트 위에 다크 휩 가나슈를 올리고 고르게 펴 바른다. 이때 아래에서 3cm 되는 지점부터는 크림을 적게 바른다.

가나슈 글레이즈 만들기

04 시트 위에서 10cm 되는 지점에 다크 휩 가나슈를 조금 더 바른 후 딸기를 한 줄로 올린다. 딸기 위에 다크 휩 가나슈를 얇게 발라 덮는다.

05 밀대를 이용해서 돌돌 만 다음 자를 이용해 타이트하게 고정한다. 그대로 냉장실에 넣어 3시간 휴지시킨다.

06 ⑤의 휴지 시간이 끝나는 때에 맞춰 다크 커버춰 초콜릿을 반만 녹을 정도로 데우고, 생크림을 50℃로 데워 섞는다.

보관 기간
냉장 2~3일

07 물엿을 넣고 핸드블렌더로 섞어 유
    화시킨 다음 35℃로 식힌다.

08 ⑤를 냉장실에서 꺼내 틀에 올리고
    ⑦을 끼얹는다.

09 마지막에 코코아가루를 뿌리고 허
    브를 올려 마무리한다.

MASCARPONE ROLL CAKE

마스카포네 롤케이크

마스카포네 롤케이크는 부드러운 마스카포네 치즈와 연유로 크림을 만들어 입에서 살살 녹으면서 진한 크림 맛을 경험할 수 있다.

준비

- 6호 정사각팬을 준비한다.
- 박력분은 두 번 체 쳐 준비한다.
- 달걀은 실온에 미리 꺼내둔다.
- 우유와 오일은 섞어서 60℃로 데워둔다.
- 오븐은 165℃로 예열한다.

재료

롤케이크 1개 분량

롤케이크 시트	
굽는 온도: 155℃ / 굽는 시간: 22~23분	
달걀노른자	90g
설탕a	27g
우유	41g
오일	49g
박력분	77g
달걀흰자	179g
설탕b	72g

마스카포네 크림	
서브라임	370g
연유	40g
설탕	15g
키르슈	5g

롤케이크 시트 만들기

01 볼에 달걀노른자와 설탕a를 넣어
   섞는다. 뜨거운 물로 중탕하여 온
   도를 40℃로 올린다.

02 반죽이 루반 상태가 될 때까지 믹
   서를 고속으로 하여 휘핑한다. 마
   지막에 30초간 저속으로 휘핑하여
   기포를 정리한다.

03 볼에 달걀흰자를 넣어 잔거품이 날
   때까지 믹서를 중고속으로 하여 휘
   핑한 다음 설탕b를 두 번 나누어 넣
   어가며 휘핑한다.

04 머랭이 부드럽게 만들어지면 믹서
   를 저속으로 1분간 휘핑하여 기포
   를 정리한다.

05 ②에 머랭의 반을 넣어 가볍게 섞
   는다.

06 체 친 박력분의 반을 넣어 섞는다.

07 남은 머랭을 다 넣어 매끄럽게 섞는다.

08 남은 박력분을 다 넣어 섞는다.

09 60℃로 준비한 우유와 오일에 ⑧의 반죽을 한 주걱 넣어 섞은 다음 다시 ⑧의 반죽에 모두 넣어 골고루 섞는다.

10 정사각팬에 반죽을 담고 스크래퍼로 윗면을 고르게 편 다음 바닥에 내리쳐 공기를 뺀 뒤 오븐에서 155℃로 22~23분간 굽는다.

11 다 구워지면 팬에서 꺼내고 옆면의 유산지를 떼어낸 후 윗면에 유산지를 덮어 식힌다.

마스카포네 크림 만들기

01 볼에 서브라임, 연유, 설탕, 키르슈
   를 담고 크림이 단단해지는 80%
   정도로 휘핑한다.

완성하기

보관 기간
냉장 2~3일

01 바닥에 유산지를 펴고 식힌 롤케이
   크 시트를 올린 다음 가장자리를
   잘라 정리한다. 마스카포네 크림을
   올려 1cm 두께로 펴 바른다.

02 시트 위에서 5cm 되는 지점에서부
   터 시트 중앙까지 마스카포네 크림
   을 봉긋하게 쌓는다.

03 밀대를 이용해 한쪽 시트를 들어올
   려 반대쪽 시트 끝에 만나도록 붙
   인다. 자를 이용해 타이트하게 고
   정한 후 냉장실에 넣어 3시간 휴지
   시킨다.

CREAM CASTELLA

생크림 카스텔라

부드러운 카스텔라 속에 더 부드러운 생크림을 듬뿍 넣어 맛을 극대화한 케이크다. 작은 크기로 부담없이 즐길 수 있어 좋다.

준비

- 6.5cm 크기의 크라프트 베이킹컵(템마)을 6개 준비한다.
- 박력분은 체 쳐 준비한다.
- 2cm 원형 깍지를 준비한다.
- 오븐은 150℃로 예열한다.

재료

컵케이크 6개 분량

생크림 카스텔라	
굽는 온도: 150℃ / 굽는 시간: 20분	
달걀	117g
달걀노른자	20g
설탕	74g
꿀	10g
소금	0.3g
박력분	82g
우유	40g
버터	28g
럼	4g
바닐라 익스트랙	4g

인서트 크림	
생크림	260g
설탕	20g
키르슈	4g

인서트	
딸기 청크잼	90g

데코레이션	
딸기 다이스(동결건조)	적당량
데코화이트	적당량

카스텔라 만들기

01 볼에 달걀과 달걀노른자를 담고 설탕, 꿀, 소금을 넣어 가볍게 섞는다.

02 뜨거운 물로 중탕하여 온도를 40℃로 올린다.

03 반죽의 부피가 커지면서 색이 연해질 때까지 믹서를 고속으로 하여 휘핑한다.

04 반죽을 들었을 때 자국이 선명하게 남기 시작하면 멈추고 2분간 저속으로 휘핑하여 반죽을 안정화한다.

05 체 친 박력분을 넣고 섞는다.

06 우유와 버터, 럼, 바닐라 익스트랙을 섞어둔 볼에 ⑤의 반죽을 한 주걱 넣고 섞는다.

07 ⑤에 ⑥을 모두 넣어 매끄럽게 섞
   는다.

08 준비한 틀 각각에 58~60g씩 반죽
   을 담고 오븐에서 150℃로 20분간
   굽는다.

인서트 크림 만들기

01 얼음 위에 볼을 올리고 생크림과 설
   탕, 키르슈를 넣어 믹서를 중고속
   으로 하여 80%로 휘핑한다.

완성하기

01 카스텔라 가운데에 십자로 칼집을
   내 후 인서트 크림을 짤주머니에
   담아 구운 카스텔라 안에 듬뿍 짜
   넣는다.

02 딸기 청크잼을 짤주머니에 담아 인
   서트 크림 속에 짠다.

03 2cm 원형 깍지 끼운 짤주머니에
   남은 인서트 크림을 담고 케이크
   윗면에 둥글게 파이핑한다.

보관 기간
냉장 2일

04 데코화이트를 뿌리고 딸기 다이스
   를 올려 마무리한다.

NAGASAKI CASTELLA

나가사키 카스텔라

일본 나가사키에서 만들어진 고급 티저트로 일반적인 카스텔라와 달리 카스텔라 바닥에 자라메당이 깔려 있다. 바삭바삭하게 씹히는 자라메당은 부드러운 카스텔라에 바삭한 식감을 더해주어 다른 카스텔라와 차별화된다.

준비

- 나무 카스텔라틀(200mm×100mm×85mm)에 유산지를 깔아둔다.
- 청주와 물, 포도씨유를 섞어 50~60℃로 준비한다. • 강력분과 박력분은 체 쳐서 섞어둔다.
- 달걀은 실온에 미리 꺼내둔다.
- 오븐은 145℃로 예열한다

재료

1개 분량

나가사키 카스텔라		덧바름용	
굽는 온도: 145℃ / 굽는 시간: 50~53분		녹인 버터	적당량
달걀	116g		
달걀노른자	58g		
설탕	97g		
소금	0.5g		
꿀	10g		
물엿	12g		
청주	14g		
물	14g		
포도씨유	27g		
강력분	44g		
박력분	48g		
자라메당	5~6g		

나가사키 카스텔라 만들기

01 볼에 달걀과 달걀노른자를 담고 설탕, 소금, 꿀, 물엿을 넣어 가볍게 섞는다.

02 뜨거운 물로 중탕하여 온도를 40℃로 올린다.

03 반죽의 부피가 커지면서 색이 연해질 때까지 믹서를 고속으로 하여 휘핑한다.

04 반죽을 들었을 때 자국이 선명하게 남기 시작하면 멈추고 2분간 저속으로 휘핑하여 반죽을 안정화한다.

05 체 친 강력분과 박력분을 두 번 나누어 넣어가며 섞는다.

06 청주와 포도씨유, 물을 섞어둔 볼에 ⑤를 한 주걱 떠서 섞은 다음 다시 ⑤에 모두 넣어 섞는다.

보관 기간
실온 밀봉
보관 3일

07 준비한 카스텔라틀 바닥에 자라메당을 뿌린다.

08 ⑦에 틀에 반죽을 담고 윗면을 고르게 편다. 오븐에 넣어 145℃로 50〜53분가량 굽는다.

09 다 구워지면 바닥에 떨어뜨려 공기를 뺀 후 카스텔라 윗면에 녹인 버터를 바른다. 틀에서 뺀 카스텔라를 뒤집어서 식힌 후 온기가 조금 남아 있을 때 랩을 씌워서 실온에서 하루 숙성한다.

HONEY CASTELLA

꿀 카스텔라

꿀 카스텔라는 한국식 카스텔라로 일본식 카스텔라에 비해 단맛이 적고 부드러운 식감이 특징이다. 은은하고 고급스러운 달콤함을 위해 꿀을 넣어 구웠다.

준비

- 카스텔라틀(130×85×50) 4개를 준비하여 같은 크기의 주름 유산지를 깐다.
- 박력분은 체 쳐 둔다.
- 버터를 50℃로 데우고, 우유와 럼을 섞어둔다.
- 오븐은 155℃로 예열한다.

재료

4개 분량

꿀 카스텔라	
굽는 온도: 150℃ / 굽는 시간: 21~22분	
달걀	190g
달걀노른자	32g
설탕	105g
꿀	27g
소금	0.5g
박력분	130g
우유	58g
버터	44g
럼	4g

덧바름용	
녹인 버터	적당량

꿀 카스텔라 만들기

01 볼에 달걀과 달걀노른자 풀고 설
탕, 꿀, 소금을 넣어 섞는다.

02 뜨거운 물로 중탕하여 온도를
40℃로 올린다.

03 믹서를 중속으로 하여 1분간 휘핑
한 다음 고속으로 높여 계속 휘핑
한다.

04 반죽을 들었을 때 자국이 선명하게
남기 시작하면 멈춘다.

05 믹서를 중속으로 1분, 저속으로 2
분 정도 휘핑하여 반죽을 안정화시
킨다.

06 체 친 박력분을 넣고 고루 섞는다.

07 버터와 우유, 럼을 섞어둔 볼에 ⑥의 반죽을 한 주걱 떠서 섞는다.

08 ⑤를 ⑥에 모두 넣어 매끄럽게 섞는다.

09 카스텔라틀 각각에 130~140g씩 반죽을 담고 오븐에서 150℃로 21~22분가량 굽는다.

보관 기간
실온 밀봉
상태 3일

10 다 구워지면 바닥에 떨어뜨려 공기를 뺀 뒤 카스텔라 윗면에 녹인 버터를 바른다. 틀을 제거한 후 뒤집어 식히고 온기가 조금 남아 있을 때 랩을 씌워 실온에서 하루 숙성한다.

◆

영국에서 처음 만들어진 파운드 케이크는 밀가루,
버터, 설탕, 달걀을 1파운드씩 넣어 만든 것에서 그
이름이 유래하였다. 시간이 흐르며 다양한 재료를
추가해 여러 종류의 파운드 케이크가 만들어졌다.

POUND CAKE

파 운 드 케 이 크

PISTACHIO STRAWBERRY POUND CAKE

피스타치오 딸기 파운드 케이크

견과류와 과일의 페어링 중 단연 돋보이는 피스타치오와 딸기를 이용한 파운드 케이크다.
딸기의 상큼함이 피스타치오의 넛티한 맛을 잘 잡아주었고 색감도 잘 어울린다.

준비

- 중파운드팬을 준비하고 바닥과 옆면에 맞춰 유산지를 깐다.
- 버터와 달걀은 실온에 미리 꺼내둔다. ● 박력분과 베이킹파우더는 체 쳐서 섞어둔다.
- 40쪽을 참고해 딸기잼을 만든다. ● 화이트 초콜릿은 50℃로 데워서 녹여둔다.
- 오븐은 190℃로 예열한다.

재료

중파운드 케이크 1개 분량

피스타치오 파운드	
굽는 온도: 170℃ / 굽는 시간: 38~42분	
버터	94g
피스타치오 페이스트	30g
설탕	103g
달걀	109g
박력분	119g
베이킹파우더	3.2g
피스타치오 분태	41g

피스타치오 글레이즈	
화이트 코팅 초콜릿	65g
피스타치오 페이스트	13g

딸기잼	
냉동 딸기	100g
설탕	40g

데코레이션	
피스타치오 분태	적당량
딸기 다이스(동결 건조)	적당량
허브 잎	적당량

덧바름용	
시럽	적당량

피스타치오 파운드 만들기

01 볼에 버터와 피스타치오 페이스트를 담아 믹서로 부드럽게 푼다.

02 설탕을 넣고 반죽 색이 밝아질 때까지 휘핑한다.

03 체 친 박력분과 베이킹파우더를 한 주걱만 넣고 가볍게 섞는다.

04 달걀을 다섯 번 정도로 나누어 넣어가며 섞는다. 이때 달걀을 한 번 넣을 때마다 완전히 섞은 후 다시 넣는다.

05 남은 가루 재료와 피스타치오 분태를 넣고 반죽이 윤기가 날 때까지 고르게 섞는다.

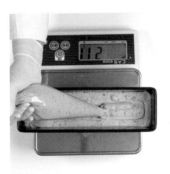

06 준비한 팬에 반죽을 330g 정도 담는다.

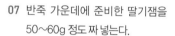

07 반죽 가운데에 준비한 딸기잼을 50~60g 정도 짜 넣는다.

08 딸기잼 위로 반죽을 130g 정도 더 짠 뒤 윗면을 고르게 정리하고 오 븐에 넣어 170℃로 38~42분간 굽 는다.

09 다 구워지면 바닥에 떨어뜨려 수증 기를 뺀다. 틀에서 꺼내 식힘망에 올려 식힌다.

10 온기가 조금 남아 있을 때 윗면과 옆면에 시럽을 바른 후 완전히 식 혀서 냉장실에 넣고 30분간 휴지 시킨다.

피스타치오 글레이즈 만들기

01 녹인 화이트 초콜릿에 피스타치오 페이스트를 넣는다.

02 반죽이 매끈해지도록 골고루 섞고 온도를 30~35℃로 맞춘다.

완성하기

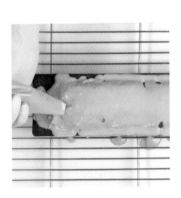

보관 기간
실온 4일

01 휴지시킨 파운드를 꺼내고 가운데 피스타치오 글레이즈를 짠다.

02 피스타치오 분태와 딸기 다이스를 뿌려 마무리한다.

CARAMEL POUND CAKE

캐러멜 파운드 케이크

달콤한 캐러멜을 넣어 구운 파운드 케이크 위에 크럼블을 올리고 다시 캐러멜 소스를 드리즐해 최고의 식감과 맛을 연출했다.

준비

- 중파운드팬을 준비하고 바닥과 옆면에 맞춰 유산지를 깔아둔다.
- 버터는 실온에 미리 꺼내둔다.
- 박력분과 아몬드가루는 체 쳐서 섞어둔다.
- 35쪽을 참고해 크럼블을 만든다.

재료

중파운드 케이크 1개 분량

크럼블	
버터	30g
황설탕	30g
박력분	30g
아몬드가루	30g

데코레이션	
캐러멜	적당량
크럼블	적당량
견과류	적당량

캐러멜 파운드 케이크	
버터	100g
설탕	83g
달걀	107g
박력분	104g
아몬드가루	21g
베이킹파우더	3.3g
캐러멜	81g

01 버터를 부드럽게 풀어준다.

02 설탕을 넣고 반죽 색이 밝아질 때까지 휘핑한다.

03 체 친 박력분과 아몬드가루, 베이킹파우더를 한 주걱만 넣고 가볍게 섞는다.

04 달걀을 다섯 번 정도로 나누어 넣어가며 섞는다. 이때 달걀을 한 번 넣을 때마다 완전히 섞은 후 다시 넣는다.

05 남은 가루 재료를 모두 넣고 반죽이 윤기가 날 때까지 고르게 섞는다.

06 캐러멜 81g을 넣고 마블 무늬가 나도록 가볍게 섞는다.

07 준비한 틀에 반죽을 475g을 담고 윗면을 정리한 뒤 오븐에 넣어 170℃로 38∼42분간 굽는다.

08 다 구워지면 바닥에 떨어뜨려 수증기를 뺀다. 틀에서 꺼내 식힘망에 올려 식힌다.

09 아직 온기가 있을 때 윗면과 옆면에 시럽을 바르고 식힌다.

10 윗면에 데코레이션용 캐러멜을 바른다.

11 크럼블과 견과류를 올린다.

12 데코레이션용 캐러멜을 짤주머니에 담아 드리즐한다.

CHOCOLATE CHERRY POUND CAKE

초콜릿 체리 파운드 케이크

진한 초콜릿에 달콤한 체리가 어우러진 환상의 맛을 자랑하는 파운드 케이크다.

준비

- 중파운드팬을 준비하고 바닥과 옆면에 맞춰 유산지를 깐다.
- 버터와 달걀은 실온에 미리 꺼내둔다.
- 박력분과 코코아가루, 아몬드가루, 베이킹파우더는 체 쳐서 섞어둔다.
- 파운드용 다크 커버춰 초콜릿은 30℃로 녹여둔다. • 오븐은 190℃로 예열한다.

재료

중파운드 케이크 1개 분량

초콜릿 파운드	
버터	108g
설탕	103g
달걀	108g
박력분	99g
코코아가루	14g
아몬드가루	22g
베이킹파우더	3.3g
다크 커버춰 초콜릿	40g
체리 청크잼	50~60g

초콜릿 글레이즈	
다크 커버춰 초콜릿	100g
포도씨유	10g

데코레이션	
초콜릿 글레이즈	적당량
체리	적당량
코코아가루	적당량

초콜릿 파운드 만들기

01 볼에 버터를 담아 부드럽게 푼다.

02 설탕을 넣고 반죽 색이 밝아질 때까지 휘핑한다.

03 체 친 박력분과 코코아가루, 아몬드가루, 베이킹파우더를 한 주걱만 넣고 가볍게 섞는다.

04 달걀을 다섯 번 정도 나누어 넣어가며 섞는다. 이때 달걀을 한 번 넣을 때마다 완전히 섞은 후 다시 넣는다.

05 남은 가루 재료를 모두 넣고 고루 섞는다.

06 30℃로 준비한 다크 커버춰 초콜릿을 넣어 섞는다.

07 반죽이 윤기가 날 때까지 섞는다.

08 준비한 틀에 반죽 330g을 담고 체리 청크잼을 가운데 짠다.

09 반죽 130g을 더 담고 윗면을 정리한 뒤 오븐에 넣어 170℃로 38~42분간 굽는다.

10 다 구워지면 바닥에 떨어뜨려 수증기를 뺀다. 틀에서 꺼내 식힘망에 올려 식힌다.

11 아직 온기가 있을 때 윗면과 옆면에 시럽을 바르고 냉장실에 넣어 30분간 휴지시킨다.

초콜릿 글레이즈 만들기

01 다크 커버춰 초콜릿을 녹이고 오일을 넣는다.

02 골고루 섞어서 유화시킨다.

완성하기

보관 기간
실온 4일

01 냉장실에 휴지시킨 초콜릿 파운드를 꺼내고 초콜릿 글레이즈를 윗면의 반만 붓는다.

02 초콜릿 글레이즈를 붓지 않은 나머지 부분에 코코아가루를 뿌린다.

03 체리와 허브를 올려 마무리한다.

EARL GREY APRICOT CRUMBLE CAKE

얼그레이 살구 크럼블 케이크

얼그레이 티를 사용해 크럼블과 케이크 반죽을 만들고 그릭요거트를 넣어 케이크에 부드러움을 더했다. 얼그레이와 잘 페어링 되는 살구를 넣어 맛과 색감을 업그레이드시켰다.

준비

- 2호 분리형 원형팬을 준비해 옆면에 버터칠을 하고 바닥에 맞게 유산지를 깔아둔다.
- 버터와 달걀은 실온에 미리 꺼내둔다. • 35쪽을 참고해 얼그레이 크럼블을 만든다.
- 박력분과 아몬드가루, 베이킹파우더, 얼그레이가루는 체 쳐서 섞어둔다.
- 54쪽을 참고해 살구잼을 만든다. • 말린 살구는 작게 잘라둔다. • 오븐은 175℃로 예열한다.

재료

2호 사이즈, 1개 분량

얼그레이 크럼블	
굽는 온도: 165℃ / 굽는 시간: 40~45분	
버터	50g
황설탕	50g
박력분	50g
아몬드가루	50g
얼그레이가루	1.5g

살구잼	
살구 퓌레	85g
설탕	26g

얼그레이 파운드	
버터	86g
설탕	97g
소금	0.5g
달걀	75g
박력분	113g
아몬드가루	40g
베이킹파우더	2.2g
얼그레이가루	2.2g
그릭요거트	45g
바닐라 익스트랙	4g
말린 살구	7개

데코레이션	
화이트 코팅 초콜릿	적당량
허브	적당량
말린 살구	적당량

얼그레이 파운드 만들기

01 버터를 볼에 담아 부드럽게 풀고 설탕을 넣어 색이 밝아질 때까지 휘핑한다.

02 체 친 가루 재료를 한 주걱만 넣고 가볍게 섞는다.

03 달걀을 다섯 번 정도 나누어 넣어가며 섞는다. 이때 달걀을 한 번 넣을 때마다 완전히 섞은 후 다시 넣는다.

04 남은 가루 재료와 그릭요거트, 바닐라 익스트랙을 넣고 매끄럽게 섞는다.

05 준비한 틀에 반죽 280g을 담고 가운데에 살구잼을 짠다.

06 살구잼 위에 말린 살구를 올린다.

07 다시 반죽 140g을 올린 다음 얼그 레이 크럼블을 올리고 오븐에 넣어 165℃로 40~45분간 굽는다.

08 다 구워지면 식혀서 틀을 뺀다.

완성하기

보관 기간
실온 4일

01 화이트 코팅 초콜릿을 녹여서 짤주 머니에 담고 얼그레이 파운드 윗면 한쪽에 드리즐한다.

02 말린 살구와 허브로 마무리한다.

BLUEBERRY PECAN CRUMBLE CAKE

블루베리 피칸 크럼블 케이크

피칸을 넣어 만든 고소한 크럼블과 파운드 시트가 돋보이는 케이크다. 블루베리를 넣어 상큼한 맛을 더했다.

준비

- 2호 분리형 원형팬을 준비하여 옆면에 버터칠하고 바닥에 맞춰 유산지를 깔아둔다.
- 버터와 달걀을 실온에 미리 꺼내둔다.
- 박력분과 아몬드가루, 베이킹파우더는 체 쳐서 섞어둔다.
- 35쪽을 참고해 피칸 크럼블을 만든다. • 오븐은 175℃로 예열한다.

재료

2호 사이즈, 1개 분량

피칸 크럼블	
버터	45g
황설탕	45g
박력분	45g
아몬드가루	45g
피칸 분태	45g

데코레이션	
블루베리	35g
데코화이트	적당량

블루베리 파운드	
굽는 온도: 165℃ / 굽는 시간: 40~45분	
버터	86g
설탕	97g
소금	0.3g
달걀	75g
박력분	113g
베이킹파우더	2.2g
아몬드가루	40g
그릭요거트	45g
바닐라 익스트랙	4g
말린 블루베리	35g
블루베리 청크잼	75g

블루베리 파운드 만들기

01 버터를 볼에 담아 부드럽게 풀고 설탕을 넣고 반죽 색이 밝아질 때까지 휘핑한다.

02 체 친 가루 재료를 한 주걱만 넣고 가볍게 섞는다.

03 달걀을 다섯 번 정도 나누어 넣어가며 섞는다. 이때 달걀을 한 번 넣을 때마다 완전히 섞은 다음 다시 넣는다.

04 남은 가루 재료를 모두 넣고 고루 섞는다.

05 그릭요거트와 바닐라 익스트랙을 넣고 반죽이 윤기가 날 때까지 섞는다.

06 준비한 틀에 반죽 280g을 담고 가운데 블루베리 청크잼을 올리고 그 위에 말린 블루베리 35g을 올린다.

07 반죽 140g을 올린다.

08 준비한 피칸 크럼블을 올려 고르게 펴고 오븐에 넣어 165℃로 40~45 분간 굽는다.

09 다 구워지면 식혀서 틀을 뺀다.

완성하기

보관 기간
실온 4일

01 피칸 파운드 윗면 가장자리에 데코 화이트를 뿌린다.

02 블루베리와 허브로 마무리한다.

SWEET PUMPKIN CARAMEL CRUMBLE CAKE

단호박 캐러멜 크럼블 케이크

단호박과 캐러멜을 넣어 색감이 살아나고 진한 달콤함도 한층 높아졌다.

준비

- 2호 분리형 원형팬을 준비하여 옆면에 버터칠하고, 바닥에 맞춰 유산지를 깔아둔다.
- 35쪽을 참고해 단호박 크럼블을 만든다. • 버터와 달걀은 실온에 미리 꺼내둔다.
- 박력분과 베이킹파우더, 아몬드가루, 단호박가루는 체 쳐서 섞어둔다.
- 단호박은 미리 익혀서 50g은 깍둑썰기 하고 120g은 으깨서 준비한다. • 오븐은 175℃로 예열한다.

재료

2호 사이즈, 1개 분량

단호박 크럼블	
황설탕	50g
버터	50g
박력분	50g
아몬드가루	25g
단호박가루	20g

데코레이션	
캐러멜	적당량
파스티아주	적당량

단호박 파운드 시트	
굽는 온도: 165℃ / 굽는 시간: 40~45분	
버터	74g
설탕	77g
소금	0.5g
달걀	66g
박력분	92g
베이킹파우더	1.8g
아몬드가루	27g
단호박가루	15g
그릭요거트	44g
바닐라 익스트랙	4g
깍뚝썬 단호박	50g
으깬 단호박	120g

단호박 파운드 만들기

01 버터를 볼에 담아 부드럽게 풀고 설탕을 넣고 반죽 색이 밝아질 때까지 휘핑한다.

02 체 친 가루 재료를 한 주걱만 넣고 가볍게 섞는다.

03 달걀을 다섯 번 정도 나누어 넣어가며 섞는다. 이때 달걀을 한 번 넣을 때마다 완전히 섞은 다음 다시 넣는다.

04 남은 가루 재료와 그릭요거트, 바닐라 익스트랙을 넣고 섞는다.

05 으깬 찐 단호박에 ④를 한 주걱 넣어 섞고 짤주머니에 담아둔다.

06 ④에 깍뚝썬 단호박을 넣고 가볍게 섞어 반죽을 완성한다.

07 준비한 팬에 반죽을 담고 반죽 위에 ⑤를 골고루 짠다.

08 준비한 단호박 크럼블 200g을 가득 올리고 오븐에 넣어 165℃로 40~45분간 굽는다.

09 다 구워지면 식혀서 틀을 뺀다.

완성하기

01 단호박 파운드 위에 캐러멜을 드리즐한다.

02 파스티야주를 올려 마무리한다.

RASPBERRY MATCHA
CRUMBLE CAKE

라즈베리 말차 크럼블 케이크

말차 크럼블의 쌉싸래한 맛과 바삭한 식감이 라즈베리잼과 잘 어울리는 둥근 모양의 파운드 케이크이다.

준비

- 2호 분리형 원형팬을 준비해 옆면에 버터칠을 하고 바닥에 맞게 유산지를 깔아둔다.
- 버터와 달걀, 그릭요거트는 실온에 미리 꺼내둔다.
- 박력분과 베이킹파우더, 아몬드가루는 체 쳐서 섞어둔다.
- 냉동 라즈베리를 짤주머니에 담아 밀대로 두드려 분태를 만들고 다시 냉동해 준비한다.
- 35쪽을 참고해 말차 크럼블을 만든다. • 오븐은 175℃로 예열한다.

재료

2호 사이즈, 1개 분량

라즈베리 파운드 시트	
굽는 온도: 165℃ / 굽는 시간: 40~45분	
버터	84g
설탕	95g
소금	0.3g
달걀	74g
박력분	110g
베이킹파우더	2g
아몬드가루	39g
그릭요거트	44g
바닐라 익스트랙	4g
냉동 라즈베리	35g
라즈베리 청크잼	75g

말차 크럼블	
황설탕	50g
버터	50g
박력분	50g
아몬드가루	50g
말차가루	1.7g

데코레이션	
데코화이트	적당량
허브	적당량
파스티아주	적당량

라즈베리 파운드 만들기

01 버터를 볼에 담아 부드럽게 풀고 설탕을 넣고 색이 밝아질 때까지 휘핑한다.

02 체 친 박력분과 베이킹파우더, 아몬드가루를 한 주걱만 넣어 가볍게 섞는다.

03 달걀을 다섯 번 정도 나누어 넣어가며 섞는다. 이때 달걀을 한 번 넣을 때마다 완전히 섞은 후 다시 넣는다.

04 남은 가루 재료와 그릭요거트, 바닐라 익스트랙을 넣고 반죽이 윤기가 날 때까지 매끄럽게 섞는다.

05 준비한 냉동 라즈베리 분태를 넣고 섞어 반죽을 완성한다.

06 준비한 틀에 반죽 280g을 담고 라즈베리 청크잼을 올린다.

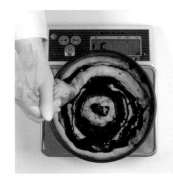

07 반죽 140g을 올린다.

08 준비한 말차 크럼블 200g을 올려 고르게 펴고 예열한 오븐에 넣어 165℃로 40~45분간 굽는다.

09 다 구워지면 식혀서 틀을 뺀다.

완성하기

01 식힌 라즈베리 파운드 위에 데코화이트를 뿌린다.

02 허브를 올려 마무리한다.

outro

케이크 판매를 고민하는 카페 운영자를 위한 조언

이번 책에서는 다양한 '케이크' 제품들을 소개하였다. 케이크라는 똑같은 명칭이 붙어도 제품마다 제조 난이도와 공정에 많은 차이가 나며, 매장에서 판매할 때 고려할 사항들도 많다. 다음에 설명하는 내용이 케이크 제조와 판매에 도움이 되길 기대해본다.

보관
모든 케이크 시트는 냉동하여 장기 보관이 가능하다. 물론 바로 만들어서 사용하는 것보다는 품질이 저하되지만 생산과 운영 측면에서는 좋은 선택이다. 미리 대량으로 만들어서 랩으로 밀폐시켜 냉동실에 보관한다. 관리만 잘한다면 매우 효율적인 생산 시스템을 구축할 수 있을 것이다.

제조 난이도
케이크 제품을 고를 때는 제조 난이도를 고려하지 않을 수 없다. 크럼블 파운드, 장파운드 같은 구움과자 종류의 케이크가 제조 난이도가 상대적으로 낮으며 보관도 용이하다. 이에 비해 가벼운 반죽의 시트, 예를 들어 생크림 케이크, 시폰 케이크 같은 제품들은 만들 때 신경 써야 하는 부분이 많다. 이렇게 가벼운 반죽들은 비중을 재는 것이 큰 도움이 되니 앞쪽 인트로 파트에서 소개한 비중 재는 방법을 꼭 확인하기를 바란다.

과일 선택
과일 케이크를 만들 때는 어떤 과일을 선택하느냐에 따라 생산 효율이 달라진다. 딸기와 라즈베리, 블루베리 같이 껍질을 제거하지 않아도 되는 과일들이 다루기가 쉽다. 반면에 망고와 같은 후숙 과일들은 숙성 정도를 맞추고 껍질까지 제거해야 해 상대적으로 손이 많이 간다. 이런 부분들을 고려하여 과일을 선택할 필요가 있다.

아이싱

아이싱이 필요한 생크림 케이크 같은 경우 아이싱이라는 테크닉을 연마해야 하므로 많은 연습이 필요하다. 책과 영상도 도움이 되지만 오프라인 강의를 통해 강사에게 직접 교정받는 것이 가장 확실한 방법이다. 아이싱이 익숙해지려면 몇 주에서 몇 달은 걸리기에 천천히 꾸준히 연습하는 것을 추천한다.

판매 전략

상품의 판매 전략은 무궁무진하지만, 케이크에 바로 적용 가능한 방법의 하나는 조각 케이크와 홀 케이크를 적절히 섞어서 판매하는 것이다. 매장(Eat-in)에서는 조각 케이크 위주로 판매하고 홀 케이크는 예약 판매 위주로 한다. 이 방식은 재고를 줄일 수 있어 좋다. 또한 조각 케이크는 홀 케이크 판매가 대비 15~30%를 추가하여 가격을 책정하므로 전체적인 마진율도 높아진다.

재료 원가 · 판매가

제품별 재료 원가는 판매가를 결정하는 가장 중요한 요소다. 재료에 따라서 원가가 정해지기 때문에 무조건 최고급 재료를 고집할 수 없으며 현실과의 타협이 필요하다. 제과의 4대 기본 재료인 버터, 설탕, 달걀, 밀가루 중에서 버터의 가격이 가장 중요하며 크림치즈, 과일, 초콜릿 등 추가되는 재료도 모두 적절한 가격의 제품을 사용해야 한다. 일반적으로 재료 원가는 판매가의 20~35% 선으로 책정하지만 지역적인 특성이나 전략에 따라 달라질 수 있다. 판매가가 최종 매출을 결정하므로 판매가를 설정할 때는 충분히 고민하기를 바란다.

SUGAR LANE PARTNERS

market SUGAR LANE   **SUGAR LANE** ONLINE BAKING